JN013392

続 相対論の正しい間違え方

木下篤哉 著

丸善出版

まえがき

　この本は雑誌『パリティ』に 2017 年 4 月から 2018 年 1 月まで連載された講座「新・相対論の正しい間違え方」をもとに再編成したもので，2001 年に刊行された『相対論の正しい間違え方』の続編にあたる。実際には，続編ではなく応用編といったところで，前著を読まねばわからない部分はないように配慮した。ただし，相対論に対する，ある程度の基礎知識は必要だ。

　どんなジャンルの学問でも同じであろうが，何かを学ぶとき，多くの人が間違えてしまう急所のような部分がある。そういう由緒正しい間違いを "正しい間違い" として解説したのがこの本（そして前著）である。間違えることは悪いことではない。「猿も木から落ちる」ということわざがあるが，猿も木に登らなければ落ちることはない。落ちるのは高みを目指したからであり，落ちるのが怖くてずっと地面に寝そべっているよりはマシであろう。猿でも人でも，何か新しいことを始めれば間違えるのが当たり前である。そういう意味では「犬も歩けば棒に当たる」の方が，ことわざとしてはふさわしいかもしれない。「犬も歩けば棒に当たる」の本来の意味は，犬も歩けば棒で叩かれて災難に遭うというものだったが，最近では幸運に "当たる" 意味で使われることも多い。

　ことわざの話はさておき，この本の中身についてであるが，大きく分けて「宇宙論編」「ブラックホール編」「加速度運動編」の 3 つに分かれている。最後の「加速度運動編」は宇宙船の話がメインであり，全編にわたり宇宙に関係する相対論の話である。相対論には宇宙が似合う。数百億光年の広大な宇宙空間，数億光年の直径をもつ超銀河団とボイド（超空洞），太陽の数百億倍

の質量があるブラックホール。そして，その舞台を亜光速で駆け抜ける長大宇宙船……などなど。SF ではおなじみの世界である。

とはいえ，『パリティ』での講座連載の話をいただいたとき，きちんとしたものが書けるだろうかと少々不安ではあった。求められているのは，SF（サイエンス・フィクション）ではなく，サイエンス・ファクトだからだ。さらに，前著は松田卓也氏というバリバリの宇宙物理の専門家との共著であり，おかしな記述や意味が曖昧な箇所は徹底的に議論しながら進めることができた。今回はそれを一人で行わなければならない。余談であるが筆者はおよそ30 年前，ハード SF 研究所の例会にて，松田氏の著書にサインをいただいたことがあるミーハーである。

ただし，書くネタに困ることはなかった。むしろネタがあり過ぎて，どのように絞るかに困ったほどである。また，書き進めていくうちに先ほどの不安は徐々にではあるが消え行くこととなった。そもそも，どこかで何かを間違えた場合，それは矛盾という形で結論に響いてくるのである。「双子のパラドックス」の例をもち出すまでもなく，どこかで考察が抜け落ちているか，あるいはおかしな前提が紛れ込んでいる場合には，それ相応の誤った結論が導かれる。とくに，演繹的に解いていく場合はこの傾向が顕著で，科学——とくに相対論はその際たるものである。よって，自らがテーマを定めて書いていき，それが何らかの矛盾を含む結果となれば，その思考の過程を丹念に調べることで，自らの誤りに気づくことができる。

逆にいえば，「相対論は間違っている」という主張には，考察のどこかに間違いが含まれているので，それを見つけ出して解説をすることで矛盾点をなくすことができ，同時にその間違いがポピュラーであればあるほど "正しい間違い" として解説する意義があるわけだ。

さて，冒頭，この本は雑誌『パリティ』に連載された講座を再編成したものと書いたが，誌面の関係で連載時に削らざるを得なかった部分を加筆・修正し，図表や式なども追加した。さらに，新たに 2 章分追加し，合計で 3 割増し程度の豪華版（？）となっている。お得ですよ，みなさん。

ちなみに追加の章は，反論などを含め前著でもっとも活発な議論があった，「ローレンツ収縮する物体には力が働く」という解説の拡大版である。実はこ

のネタだけで単行本 1 冊分くらいの原稿を書いていたのだが，紆余曲折あって今回，エッセンスを絞りに絞ったものをここに収めることとなった。なお，追加の章に限ったことではないが，各章に対して「いや，それはおかしい！」という異論・反論は大歓迎である。そこからまた，新たな "正しい間違い" が発掘されるかもしれない。世の学問は，そうやって間違えながら発展してきたのだ。この本がその苗床になるのであれば，それは筆者にとって望外の喜びである。

　この本をまとめ上げるまでには，多くの方々の協力を得ている。前著の共著者である松田卓也氏からはその後も色々とアドバイスをいただいた。また，佐久間弘子さんにはその当時から 20 年以上お世話になった。そして，今回の単行本化では，丸善出版企画・編集部の堀内洋平さんと北上弘華さんに大変お世話になっている。この場を借りて感謝する。

2020 年 7 月吉日

木 下 篤 哉

目　次

ビッグバンはいつ起きたか？

【正しい間違い 1】
宇宙はビッグバンで始まった

　本項においてビッグバン理論を否定しようというのではないことを，最初に
述べておく。1940 年代にガモフ（G. Gamow）やル・メートル（G.H. Lemaître）
がビッグバン理論を提唱したときは，ロンドンの「ビッグ・ベン」と勘違いさ
れたそうだが，いまやこの言葉は物理の世界を抜け出し，「金融ビッグバン」
のようなパラダイムシフトを表す言葉として使われたり，会社や施設，はて
はアイドルグループの名前にまでなったりしている[*1]。ここで問題としてい
るのは，提唱時のビッグバンは「宇宙の始まり」と同義だったが，現代にお
いてはその位置づけが変わってきている点である。

　簡単におさらいをしておこう[1)]。近代的な宇宙の “構造” を議論するために
は，一般相対論の完成にまでさかのぼらなければならない。アインシュタイ
ン（A. Einstein）は，かなり紆余曲折しながら，1916 年に新しい重力場の方
程式を書き上げた。

$$R_{\mu\nu} - \frac{1}{2}Rg_{\mu\nu} = \chi T_{\mu\nu} \quad \text{ただし，} \quad \chi = \frac{8\pi G}{c^4} \tag{1.1}$$

　ここで式 (1.1) の左辺は，宇宙の幾何学構造を表しており，計量テンソル
$g_{\mu\nu}$ を求めるのがゴールとなる。なお，$R_{\mu\nu}$ はリッチテンソル，R はそれを縮
約したものである。右辺は宇宙内の放射も含めた物質分布を表すエネルギー

[*1] 「ビッグバン」という言葉を最初に使ったのが，ビッグバン理論を否定していたホイル（F. Hoyle）
だったというのは，なんとも皮肉のきいた話である。

運動量テンソル $T_{\mu\nu}$ が居座っている*²。つまり，宇宙の物質分布さえ決めてしまえば，宇宙がどういう形をしていて，どういう "進化" をするかを式 (1.1) から導き出せる。アインシュタインは式 (1.1) を宇宙全体に適用するにあたり，宇宙は大局的にみればどこをみてもほぼ同じ（宇宙原理）で，かつ，時間的に変化がない（静止宇宙）と仮定した。

これだけの対称性を与えてやれば，考えるべきことはずいぶんと少なくなり，4 次元の宇宙の線素を $\mathrm{d}s$，空間の線素を $\mathrm{d}l$ として，極座標 (ct, r, θ, ϕ) で記述*³すると，

$$\begin{aligned}
\mathrm{d}s^2 &= g_{\mu\nu}\mathrm{d}x^\mu\mathrm{d}x^\nu = c^2\mathrm{d}t^2 - a^2\mathrm{d}l^2 \\
&= c^2\mathrm{d}t^2 - a^2\left[\frac{\mathrm{d}r^2}{1-kr^2} + r^2\left(\mathrm{d}\theta^2 + \sin^2\theta\mathrm{d}\phi^2\right)\right]
\end{aligned} \tag{1.2}$$

と書ける（ロバートソン・ウォーカー（Robertson-Walker）計量）。この式は空間が球対称だということを 4 次元に拡張したものになる。ここで，a はスケール因子とよばれる宇宙の大きさを表す変数，k は宇宙の曲率がゼロ（平坦）・正・負に対応して 0, +1, −1 のどれかになる定数で，宇宙原理を仮定すると式 (1.2) 内で決定すべき変数はこの 2 つだけとなる。

また，物質の分布も一様という仮定のもと，物質密度 ρ と圧力 p およびそれらの 4 次元速度 u_μ から，エネルギー運動量テンソル $T_{\mu\nu}$ が定義できる。

$$T_{\mu\nu} = -\left(\rho c^2 + p\right)u_\mu u_\nu - pg_{\mu\nu} \tag{1.3}$$

ここで，"速度" というと，宇宙内で物質が 1 方向に動いているように感じるかもしれないが，速度の空間方向成分はすべてゼロであり，時間軸方向にだけ動いていることになる。日常的な言葉でいえば，（平均）速度はどこでもゼロで，時間だけが流れている状態である。すなわち，

$$T_0^0 = \rho c^2, \quad T_1^1 = T_2^2 = T_3^3 = -p \tag{1.4}$$

である。先に計量テンソル $g_{\mu\nu}$ を求めるのがゴールと述べたが，本来ならば

---

*²　この形式に書かれたのは，当時のアインシュタインが「物体の存在によって宇宙の構造は完全に決まる」というマッハ原理に傾倒していたからである。

*³　アインシュタインが実際に行った計算では極座標系を使っておらず，煩雑な計算となっている。

4 次元の対称テンソルの解は $4+3+2+1=10$ の式があることになる。ただし宇宙原理を採用した場合，10 の式の中で最終的に残るのは，たった 2 つの式しかない。

$$\left(\frac{\dot{a}}{a}\right)^2 = \frac{\chi}{3}\rho c^2 - \frac{k}{a^2} \tag{1.5}$$

$$\frac{\ddot{a}}{a} = -\frac{\chi}{6}\left(\rho c^2 + 3p\right) \tag{1.6}$$

ここで，$\dot{a}$ は ct による微分，$\ddot{a}$ はさらにその微分である。さて，ここまでは，"宇宙原理" を適用すると出てくる答えである。これに加え，宇宙は時間的に変化がないという "静止宇宙" を想定すれば，スケール因子 a は時間によらず一定で，式 (1.5) と式 (1.6) の左辺はともにゼロであるから，

$$\rho c^2 = -3p = \frac{3k}{\chi a^2} \tag{1.7}$$

という関係に行き着く。めでたし，めでたし……とはならない。アインシュタインはこの関係式をみてさぞガッカリしたことだろう。物質密度 ρ と圧力 p の符号が反対なのである。要するに，"負の密度" か "負の圧力" をもつ奇妙な物質を考えねばならない[*4]。また，現在の宇宙は，物質密度に比べ物質間の圧力は無視できるほど小さい（$p \ll \rho c^2$）。一言でいえば，われわれは夜空が暗い宇宙に住んでいる。いずれにせよ式 (1.7) は現在の宇宙を表していない。

　この問題を解決するもっとも単純な方法は，$\dot{a}$ や $\ddot{a}$ がゼロではない……すなわち，宇宙はその大きさを刻々と変えているとすればよいが，20 世紀初頭までの観測で，それを示唆する観測結果は存在していなかった。アインシュタインは一般相対論の論文を発表した翌年（1917 年）に，いまでは「宇宙項」とよばれる項を式 (1.1) に付加する。

$$R_{\mu\nu} - \frac{1}{2}Rg_{\mu\nu} - \Lambda g_{\mu\nu} = \chi T_{\mu\nu} \tag{1.8}$$

　それまで，宇宙の動きを決めるのは宇宙の "中にある" 物質だけだったのだが，宇宙項の導入により "宇宙そのもの" も宇宙の運動に寄与することになった。宇宙項の特筆すべき点は，係数 Λ（宇宙定数）を正にすると，宇宙自身

[*4] $k=0$ なら，負の密度も負の圧力もいらないが，それは物質も何もない，空虚で真っ平らな宇宙だということだ。

が広がろうとする万有斥力になる点である。そもそも物質を含んだ宇宙を静止させておくためには，宇宙項の導入は必須であった[*5]。アインシュタインはそのままでは落ちてしまうリンゴ（物質）に風船（宇宙項）を結びつけて，文字どおり宙に浮かせることにしたのである。宇宙項の付加により，式 (1.5)と式 (1.6) には，それぞれ $\Lambda/3$ のオマケがくっつく。

$$\left(\frac{\dot{a}}{a}\right)^2 = \frac{\chi}{3}\rho c^2 - \frac{k}{a^2} + \frac{\Lambda}{3} \tag{1.9}$$

$$\frac{\ddot{a}}{a} = -\frac{\chi}{6}\left(\rho c^2 + 3p\right) + \frac{\Lambda}{3} \tag{1.10}$$

つまり，$\dot{a}$ および $\ddot{a}$ がゼロであっても，この宇宙項が肩代わりをしてくれる。実際，$\dot{a} = 0, \ddot{a} = 0$ とし，4 次元球ということで $k = 1$ を仮定すれば，

$$\rho c^2 = \frac{1}{\chi}\left(\frac{3}{a^2} - \Lambda\right) \tag{1.11}$$

$$p = -\frac{1}{\chi}\left(\frac{1}{a^2} - \Lambda\right) \tag{1.12}$$

と答えが出てくる。ここで，$p \ll \rho c^2$ という条件を与えれば，

$$\Lambda = \frac{\chi}{2}\left(\rho c^2 + 3p\right) \approx \frac{\chi}{2}\rho c^2 = \frac{1}{a^2} \tag{1.13}$$

となる。つまり宇宙定数 Λ は，宇宙の中に入っている物質の量と宇宙そのものの大きさで値が決まる。なお，Λ の効果は距離が短いとまったく効かないので，これまで得られた地球近傍の天体観測結果とも矛盾しないものだった。これでようやく，めでたし，めでたし。

……とはいかなかった。アインシュタインが宇宙項つきの重力方程式を発表した直後に，ド・ジッター（W. de Sitter）によって，$\rho = 0$ の解が発見された。その宇宙は宇宙項のみがあり，指数関数的に膨張する宇宙であった。リンゴなしの風船だけのような状態なので膨らみ放題である。

　さらに，アインシュタインの静止宇宙にも根本的な問題があることを，フ

[*5]　啓蒙書では，「アインシュタインは静止宇宙に固執したため，宇宙項を導入した」という書きぶりが多いが，実際は宇宙項をつけなければ解が得られなかったため，仕方なくつけたという感じだったようだ。

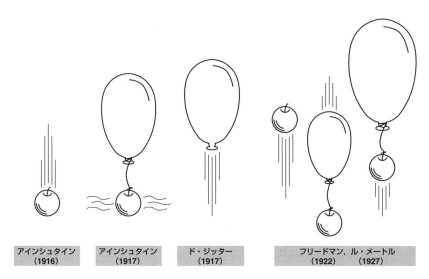

アインシュタイン （1916）	アインシュタイン （1917）	ド・ジッター （1917）	フリードマン，ル・メートル （1922）　　　（1927）

図 1.1　さまざまな宇宙モデル。アインシュタインが 1916 年に発表した一般相対論では，宇宙を一定の大きさに “留めておく” ことができなかったため，翌年に宇宙項を導入した。これにより，多種多様な宇宙モデルが創造されることとなる。

リードマン（A. A. Friedmann）とル・メートルが指摘する。静止する条件が非常に厳しいのである。リンゴと風船のアナロジーで考えると，風船がつり合いからわずかに上昇すると風船もわずかに膨らんで浮力が増すという正のフィードバックが働き，際限なく上昇してしまう。逆もまたしかりで，一度下降を始めると止められない。宇宙が大きくなると物質密度 ρ は減る一方，万有斥力ともいえる宇宙定数 Λ は不変で，その影響が相対的に増すのである（図 1.1 参照）。

　そうこうしているうちに，ハッブル（E. P. Hubble）が銀河の赤方偏移を発見し，遠方にある銀河ほどわれわれから速く遠ざかっていることが示された（1929 年）。宇宙が膨張しているなら星々はお互いに遠ざかることなど，当時理論的にも研究されており，観測が理論にようやく追いついた格好である。ここに至り，アインシュタインも静止宇宙の概念を完全に捨て去った。それ以降，アインシュタインは自らの論文において宇宙項を一切使っていない[*6]。

[*6]　アインシュタインは宇宙項を重力方程式に組み込んだことを「人生最大の失敗」とガモフに語った，という逸話はあまりにも有名。ただし，この話はガモフの創作ではないかという説もある。

6

　宇宙がどのくらいの速さで膨張しているかを表すハッブル定数 H は，単位距離離れた場所の後退速度で表されるから，

$$H = c\frac{\dot{a}}{a} = \frac{1}{a}\frac{da}{dt} \tag{1.14}$$

ということになる[*7]。ちなみに，宇宙項がない（$\Lambda = 0$）場合において，宇宙が平たん（$k = 0$）である物質密度のことを臨界密度 ρ_c というが，ハッブル定数 H が $70\,\mathrm{km/s/Mpc}$ 程度だと仮定すると，これは式 (1.9) から，

$$\rho_\mathrm{c} = \frac{3H^2}{\chi c^4} \approx 1.0 \times 10^{-29}\,\left[\mathrm{g/cm^3}\right] \tag{1.15}$$

となる。さて，宇宙が決して静止することがなく，かつ，現在が膨張過程にあるということは，過去の宇宙は小さかったことを示唆している。とくに式 (1.10) から，

$$\rho c^2 + 3p \geq \frac{2\Lambda}{\chi} \quad \text{ならば} \quad \ddot{a} \leq 0 \tag{1.16}$$

であるので，どのような状態でも宇宙には“収縮する力”が働いていることになる。とくにアインシュタインが選んだ $\Lambda = 0$ という条件では，宇宙に物質が存在していた場合――そして，実際に存在しているわけだが――時間をさかのぼれば，宇宙は必ず1点にまで縮むことになる。風船のないリンゴは必ず落ちるのである[*8]。当然ながら，このような特異点の出現は歓迎すべきものではない。また，ハッブルが発見した赤方偏移の観測データにも誤りがあり，宇宙の年齢が地球の年齢より短いという矛盾など紛糾した時期もあり，その後 15 年ほどは，宇宙誕生に関する有力な学説は出てこなかった。

　状況が変わったのは，冒頭に述べたように，1946 年，ガモフが「宇宙は火の玉の爆発で始まった」というビッグバン理論を提唱してからである。ガモフは，宇宙は超高圧・超高温の状態で生まれ，水素やヘリウムをはじめとし

[*7]　ハッブル定数は「定数」とはいうものの，宇宙の膨張速度は時間によって変化するため，実際には変数である。現在における値ということを明示的に示すために H_0 と書く場合も多い。

[*8]　ただし，将来的に収縮するか否かは条件しだいである。地上から脱出速度で投げ上げたリンゴは落ちてこないというのに似ている。

たさまざまな元素がそこで生成されたという仮説を立てた[*9]。さらに，ビッグバンのなごりとして，宇宙はいまでもほのかに暖かい（7 K 程度）と論じた。これに対してホイルらは，宇宙の構造はつねに同じという定常宇宙論を展開する（1948 年）。定常といっても銀河同士が互いに離れているのは事実であるから，宇宙の大きさが定常と述べたのではない。ホイルらは，空間が広がった部分に新たに物質が発生するという仮説を提唱した。すなわち，物質密度 ρ と圧力 p は宇宙の大きさによらず一定としたのである[*10]。

　同時期に登場したビッグバン理論と定常宇宙論であるが，人気があったのは圧倒的に定常宇宙論であった。宇宙は過去から未来まで，同じような姿であるという理論の方が受け入られやすかった。これに対し，火の玉で生まれ，刻々と姿を変えるビッグバン理論は人気がなかった。ビッグバン理論の支持者はガモフの研究仲間のほかは，林忠四郎くらいなものである。

　決着がついたのは，やはり新しい観測事実からであった。ペンジアス（A. Penzias）とウィルソン（R. Wilson）によって，ガモフが予言していた宇宙マイクロ波背景放射（cosmic microwave background, CMB）が見つかったのである（1964 年）。彼らは CMB を見つけようとしたわけではない。人工衛星のマイクロ波をとらえようとしたアンテナで，宇宙のあちこちからくる雑音[*11]を見つけてしまったもので，騒ぎ出したのはディッケ（R. Dicke）らの理論屋である。経緯はともあれ，CMB の発見はビッグバン理論に裏づけを与えることになり，形勢逆転。ビッグバン理論が突然主流となった。その後，CMB の観測は何度も行われ，NASA の COBE や WMAP などの観測衛星により，ビッグバン理論は確固たる地位を築き，現在に至っている。

　……と，ここまでが長～い前置きである。すでにお忘れかもしれないが，「宇宙はビッグバンで始まった」という主張は，"正しい間違い"だというのが，本項の主張である。しかしながらいまのところ，ビッグバン理論は正し

[*9] この仮説は，アルファ（R. Alpher）とベーテ（H. Bethe）との共同論文（$\alpha\beta\gamma$ 理論）として発表された。発表が 1948 年のエイプリルフールだったり，研究にかかわっていないベーテの名前を $\alpha\beta\gamma$ の語呂合わせのためだけに加えたりと，ガモフは茶目っ気のある人物だったようである。

[*10] この仮説では，宇宙にある物質の全量がしだいに増えていくことになるが，年間で 1 km³ に水素原子 1 つ程度増えればよく，精密な観測にもかからない。

[*11] 電波の波長帯はテレビや携帯電話で使う電波と同じ（UHF）になる。

かったという話しかしていない。

　宇宙は火の玉で始まったというビッグバン理論は，ワインバーグ（S. Weinberg）が書いた『宇宙創世はじめの三分間』などの名著もあって，1970 年代には「ビッグバン＝宇宙の始まり」という等式が世間一般にも定着していた。そのうち，宇宙の始まりそのものをビッグバンというようになり，転じて何かのセンセーショナルな始まりを「○○ビッグバン」とよぶようになった。ところがこの等式は 1980 年代に入って不等式となる。ビッグバン "以前" が議論され始めたからだ。

　そもそも，ビッグバン理論には「平たん性問題」と「地平線問題」という 2 つの未解決問題があった[*12]。平たん性問題とは，現在の宇宙が，なぜこんなに平たんなのかという問題である。式 (1.9) と式 (1.10) の p と ρ の関係[*13]から宇宙の大きさの変化を解くことができるが，このとき k が 0, +1, −1 のどれをとるかで，宇宙が平たんか否かが決まる。ただし，ビッグバン当時の非常に宇宙が小さかったときを考えると，k がどれであっても宇宙の成長の差はあまり出ない。宇宙の大きさを表すスケール因子 a とそのときの宇宙の物質密度 ρ，そして，宇宙が平たんである場合の臨界密度 ρ_c との関係（ついでに温度 T）は，宇宙初期では，

$$\left| \frac{\rho - \rho_c}{\rho} \right| \propto a^2 \propto \frac{1}{T^2} \tag{1.17}$$

となり，宇宙が小さくて超高温時には ρ と ρ_c との密度差はほとんどないことになる。逆にいえば，宇宙初期のごくわずかな密度差によって，宇宙は開いているか閉じているか，はたまた平たんかが決まる（図 1.2）。想定している宇宙の大きさとは，10^{-34} cm 程度から，宇宙が "晴れ上がる" 4000 万光年程度を考えているが，ρ は ρ_c と比べて，$\pm 10^{-62}$ 程度のずれもなく一致していなければ，今日のような宇宙にはならないのである。いくらなんでも，この脅威の一致を偶然と片づけるわけにはいかない。

[*12] ほかにも，宇宙空間内にモノポールの数が異常に少ないという「モノポール問題」などがあるが，これは平たん性問題の解決方法と同等と考えることができるため省略する。

[*13] いわゆる状態方程式である。現在の宇宙のように放射を無視できるならば $p = 0$ でよい。宇宙初期は放射が優勢で無視できないのだが，それを考慮しても結論は同じである。

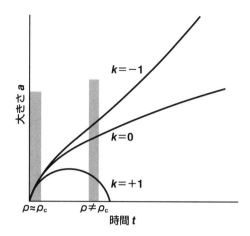

図 1.2　宇宙膨張の初期値鋭敏性。初期宇宙のわずかな密度差で，現在の宇宙の大きさは大きく変わる。にもかかわらず，現在まで宇宙が平たんであり続けているのは驚異的である。

　もう 1 つの地平線問題とは，宇宙のあらゆる部分がなぜ似かよっているのかという問題である。地球で観測できるもっとも古い光は CMB であり，138 億年かけてようやく地球に届いたものである。それ以上先はみえないので，これを宇宙の地平線という。すなわち，138 億光年以上離れた場所同士は何の情報も交換し得ていない領域であり，互いに影響を与えない場所のはずである。たとえば，地球から 138 億光年離れた点 A と点 B を考え，AB 間も 138 億光年離れているならば，AB 間は視野角で 60° 離れている。つまり，60° 以上離れた CMB 同士は，何ら因果関係がない。ビッグバン理論の場合，光は"宇宙の膨張に逆らって"AB 間を移動しなければならないため，情報交換できる領域がさらに狭くなる。途中の計算は省くが，宇宙の始まりから 38 万年程度（温度は 3000 K）だったときの情報交換可能な視野角の大きさは，

$$\theta = \sqrt{\frac{a\left(t_{\text{past}}\right)}{a\left(t_{\text{now}}\right)}} \approx \sqrt{\frac{T\left(t_{\text{now}}\right)}{T\left(t_{\text{past}}\right)}} \approx \sqrt{\frac{2.7\,[\text{K}]}{3000\,[\text{K}]}} \approx 0.03\,[\text{rad}] \approx 1.7\,[\text{deg}] \quad (1.18)$$

と非常に狭くなる。これは月 3 つ分程度の視野角なのだが，これ以上離れた

場所は，本来，何の因果関係もない場所である*14。にもかかわらず CMB は，あらゆる方向で驚きの一様さをみせている。大ざっぱにいえば，スタジアムに集結した2万人ほどの人々が "何の打ち合わせもなしに" ジャンケンをしたとして，全員がパーを出すほどの偶然だ*15。これはどう考えてもおかしい。絶対にどこかで "口裏を合わせていた" に違いないと考えるのが普通である。

　これらの問題を解決したのが，1980年代に登場したインフレーション理論である。宇宙は発生時に指数関数的な膨張を経験し，"その後" 高圧高温のビッグバンが発生したという理論だ。急激な膨張を引き起こすのは，真空エネルギー*16とよばれる宇宙空間そのものに付随したエネルギーで，宇宙の大きさにかかわらず，その密度は一定である。すなわち，アインシュタインが捨てた宇宙定数 Λ とまったく同じ性質をもつ。インフレーション時に宇宙は，10^{-34} 秒の間に 10^{26} 倍という脅威的な膨張を経験し，これについては「バクテリアが銀河にまで引き伸ばされた」という比喩が使われる。この膨張により，「平たん性問題」と「地平線問題」は一挙に解決する（図1.3）。平たん性に関しては，インフレーション前がどのような曲率であったとしても，急激な引き伸ばしによって，すべて平たんになってしまうし，地平線問題は，もともと互いに混ざり合っていたものが急激に引き伸ばされたと考えれば，どこも似たり寄ったりで当たり前である。

　インフレーション理論も観測によって事実が裏づけられつつある。インフレーション時には宇宙空間内の物質は何もかも引き離されるが，物質密度のむら（量子ゆらぎ）は宇宙の大きさによらず一定である。CMB は驚くほどの一様性があると述べたが，そこにあるべき量子ゆらぎを細かく調べていくことで，インフレーションが実際に生じたか否かがわかり，さらに調べると，

---

*14　ここでいう因果関係とは，光速による因果関係であるが，「互いに混ざり合う」ようなことを考えると，物質同士のぶつかり合いによる，いわゆる音速による因果関係を考える必要がある。この場合，さらに視野角は狭く，およそ 0.8° になる。

*15　ジャンケンの選択肢は3つだが，CMB は4桁の精度があるので，2万人に「適当な4桁の数字を」書いてもらい，いっせいに挙げたらすべて同じ数字だったくらいの偶然である。

*16　真空のエネルギーは，昔は「偽真空」や「うその真空」とよばれていて，真空の属性という意味合いが強かったが，真空のエネルギーあるいはダークエネルギーという言葉は，真空中にある場（インフラントン場？）をモノとして扱うようなイメージになっている。

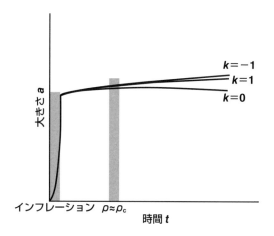

図 1.3　インフレーション理論による宇宙膨張。初期宇宙の密度差はインフレーション時になくなってしまうので，その後の経過で差がほとんど出ない。

多種あるインフレーション理論の絞り込みが可能になる。これらを調べていたのが COBE や WMAP などの観測衛星である。ビッグバン理論の検証だけなら，CMB の一様性のみを調べればよいので，1970 年代の観測で十分だが，インフレーション理論の検証のためには，2000 年代の技術が必要だったわけだ。これらの観測により，量子ゆらぎに由来する温度差が発見され[2]，インフレーション理論は観測による検証の時代を迎えている。ちなみに，「インフレーションの前は？」という質問に対しては，「無から宇宙が生まれた」という説が有力である[*17]。これは，理論もそれなりにできているのだが，いまのところ検証のあてはない。

　以上の話を簡単にまとめると，1940 年代に登場したビッグバン理論は，1960 年代の観測で確かめられ，1970 年代に世間一般に広まった。その後，1980 年代にビッグバン理論の欠点を補うインフレーション理論が登場。2000 年代には，その証拠が観測衛星で確かめられ，さまざまな検証が進んでいる……ということである。

[*17]　ヴィレンキン（A. Vilenkin）が 1983 年に発表。量子論的なトンネル効果により，無から有限の大きさをもつ宇宙が誕生するしくみが述べられており，宇宙創世時の特異点問題が回避されているのが特徴。

さて，これらの歴史を踏まえたうえで，インターネットで検索を行ってみてほしい。いまでも「ビッグバン＝宇宙の始まり」としての言説が多いことがわかる。ただし，それらがすべて "1980 年代以前の知識" で語られているわけではない。たとえば，英語版ウィキペディア[3]では，まずビッグバンがあり，その後にインフレーションがあるという説明になっている。ちなみに，インフレーション理論の生みの親である佐藤勝彦による図[4]では，インフレーションの後がビッグバンとなっている。すなわち，ビッグバンの意味が「宇宙の始まり」をさす場合と，「宇宙初期の超高圧・超高温時代」をさす場合とに分かれたのである。

さらにややこしいことに，宇宙の始まりからインフレーションに至るまでの宇宙はさほど熱くない。逆に，急激な膨張で急冷却を起こしている。超高圧・超高温状態は，インフレーション後の真空の相転移によって生じたものだからだ。「ビッグバン＝宇宙の始まり」を採用すると，インフレーション後の超高温・超高圧時のことは何とよべばよいのかわからない[*18]。

インフレーション理論も生まれて 30 年以上たつ。そろそろ，「ビッグバンは宇宙の始まりを表していない」ということが一般に広まってもよいのではないかと思う。それとも，「ビッグバン＝宇宙の始まり」の定義がしぶとく生き残るだろうか？　どちらにせよ，誰かとビッグバンの話をするときは，「そのビッグバンは，宇宙の始まりのことですか？　それとも，宇宙初期の超高圧・超高温時代のことですか？」と確認すべきである。

参考文献

1) 成相秀一，冨田憲二：『一般相対論的宇宙論』（裳華房，1988）pp. 32–49.

2) G. Hinshaw et al.: Astrophys. J. Suppl. 170:288, "Three-Year Wilkinson Microwave Anisotropy Probe (WMAP) Observations: Temperature Analysis" (2007) DOI: 10.1086/513698.

3) Wikipedia: "Chronology of the universe," https://en.wikipedia.org/wiki/Chronology_of_the_universe#/media/File:History_of_the_Universe.svg

4) 理科年表オフィシャルサイト：https://www.rikanenpyo.jp/FAQ/tenmon/faq_ten_008.html

---

[*18] 再加熱（reheating）とよばれているが，世間一般に浸透しているとは思えない。

ビッグバンはどこで起きたか？

【正しい間違い 2】
　ビッグバンは宇宙内で起こった大爆発である

　ビッグバンに関する質問として，もっとも多いのが「その前は？」というものだとしたら，それに対する回答は「インフレーションを起こしていた」になる。これに関する混乱については前項のとおりである。では，次に多い質問は何かを考えると，おそらく「どこで？」という質問になるのではないだろうか。ビッグバンを提案したガモフは，1945 年，世界初の原子爆弾の火球の映像（トリニティ実験）にインスピレーションを受けてこの着想を得たそうであるから，"アイデアが生まれた場所" ならばニューメキシコだといえるだろう。では，ビッグバン自身はどこで起こったのか？

　本書を手にとっている諸氏ならすでにご存知であろうが，ビッグバンは "宇宙全体の爆発的加熱" を端的に表した言葉であり，「どこで？」という問いかけには「どこでも」あるいは「どこもかしこも」と答えるしかない。もしも「宇宙内のどこか」で起こったのであれば，特定の "爆心地" が存在することになるから，場所による温度差が生じ，そのなごりの宇宙マイクロ波背景放射（CMB）の温度分布にも影響が表れるはずである。だが温度分布は，現実には 4 桁の精度で「どこもかしこも」同じだ[*1]。

　さらに，宇宙が膨張しているという説明に対しても「どこを中心にして？」という問いかけがある。これに対する答えも「どこでも」あるいは「どこもかしこも」が答えとなる。宇宙の「どこもかしこも」が一様に膨張しているのである。たとえば，1 本のゴムひもを用意して，等間隔に数字を書いてお

[*1]　正確にいえば，CMB に対して太陽系が運動しているために生じる双極子成分があるので，これを除いた後の精度が 4 桁である。

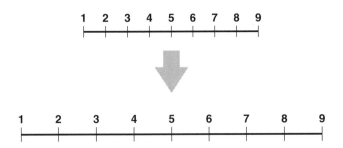

図 2.1 ゴムひもの伸展。ゴムひもに目盛をつけて伸ばせば，それぞれの目盛の間隔も広がる。

く。このゴムを 2 倍に伸ばせば，数字の間隔が等間隔なのは同じだが，一つひとつの間隔は 2 倍になる（図 2.1）。どこか一部だけが広がるわけではない。仮に，どこかに特定の "爆心地" があるなら，その周囲の伸びが大きく，周辺に行くほど移動が少ないことになるだろう。

　ちなみに，このゴムひも上に書いた数字をそのまま目盛として採用した座標を共動座標といい，互いに離れつつある銀河は，この共動座標上に留まっていることになる。実際，遠くの銀河が離れていっているとしても，それらはその空間上に留まっているのであり，動いているのは座標系そのものである。たとえば，座標系が等速ではなく，加速度をもって膨張していたとしても，その上に載っている銀河は何の力も受けない[*2]。

　ここで，共動座標の目盛で計った距離を x で表し，ある時刻 t でのその膨張率を $a(t)$ とするならば，普通の物差しで測った距離 $r(t) = xa(t)$ だけ離れた位置にある銀河の後退速度 $v(r)$ は，

$$v(r) = \frac{\mathrm{d}r}{\mathrm{d}t} = x\frac{\mathrm{d}a}{\mathrm{d}t} = \frac{1}{a}\frac{\mathrm{d}a}{\mathrm{d}t}r \tag{2.1}$$

となる。ここで，宇宙の膨張率を表すハッブル定数 H は式 (1.14) で表されるので，これを式 (2.1) に代入するとハッブルの法則，

$$v(r) = Hr \tag{2.2}$$

[*2]　とはいえ，銀河自身も大きさをもっているので，全体をみれば引き離される力にみえるはずだ。これについては第 4 項で解説する。

が出てくる。なお，最新の観測による現在のハッブル定数の値は，$67.15 \pm 1.2\,\mathrm{km/s/Mpc}$ であるので[*3]，地球から $1\,\mathrm{Mpc}$ 離れるごとに $67.15\,\mathrm{km/s}$ ずつ，地球から遠いほど速く宇宙が広がっていることになる。

　さて，ここまで読んだ人の中には，「このゴムひもの例では，膨張の中心がある（ついでに端もある）ではないか」とツッコミたくなる人もいることと思う。要するに，中心の「5」の部分は移動していないが，「4」は左に，「6」は右に移動している。そして，中心から離れた場所ほど，速く移動している。仮に「6」を中心として同様の考察ができるかを考えれば，たしかに「7」は左に，「5」は右に移動してみえるはずだが，ゴムひもの膨張によって「6」自身も右に移動しているから，「5」の場合と同等ではない気がする。何か釈然としない。

　もう少し具体的な話をしてみよう。たとえば，ゴムひもを幅広にし，ゴムでできたカーペットとする。そして，その一端を固定し，他方を引っぱって伸ばすことを考えてみる。この上に人が乗っていたとするならば，固定端に近い場所ならばともかく，引っぱる側にいた人は足をとられて転ぶかもしれない（図 2.2）。この場合，急に動かしたから転んだという側面もあるだろう。通常の歩道から “動く歩道” に乗る場合，乗った瞬間は足を引っぱられる感覚があるが，いったん乗ってしまえば，通常の歩道に立っているのと同じである。では，伸びるカーペット上に人々を配置するとき，配置された場所の速度に合わせて乗れば，彼らはその後転ぶことはないのか……といえば，答え

図 **2.2**　ゴムのカーペットの伸展。ゴムでできたカーペットの一端を固定し，他端を引っぱる。引っぱる速さを時間とともに速くすれば，カーペットに乗っている人はやがて転ぶだろう。

[*3]　ハッブル定数はさまざまな方法で求められており，求められた値はそれぞれに異なっている。これにまつわる話は第 5 項の最後で解説する。

は否である。時刻 $t = 0$ のときに固定端から距離 r_0 の位置に乗った人は，最初 Hr_0 の速さで動いている。その後の速さは，式 (2.2) を時間 t で積分し変形すればよく，

$$v(t) = Hr_0 e^{Ht} \tag{2.3}$$

となるため，カーペットを引っぱる速さは一定ではなく，時間とともに指数関数的に大きくなる。すなわち，カーペットの速度も加速度も時間がたつにつれて指数関数的に増えるため，いずれはその加速度の増加に耐えきれず転ぶことになるであろう。1 Mpc 離れた星が 67.15 km/s で離れているならば，遠い将来やがて 2 Mpc 離れるときがくる。ハッブル定数が時間によらず一定であるならば，そのときの星の速さは 134.30 km/s になっているわけだから，何らかの "外力" で星が外向きに引っぱられ，それによって速さが増したと考えなければならない。速さが異なる "動く歩道" を順次乗り換えていくようなものであるから，連続的に加速度を感じるはずである。また，観測者の位置によって加速度の向きも異なる。固定点を中心にして左右で離れる方向が違うのならば，引っぱられる方向も左右で逆になるだろう。かくして，"中心はない" といいながら，場所によって加速度を感じたり感じなかったりするのではないか……という疑念が生じる。

　ここで，"加速度を感じる" とはどういうことかを，いま一度考えてみる必要がある。たとえば，地球上にいるときに感じる重力を宇宙ステーション内で感じなくなるのは，宇宙ステーション内で重力がなくなるからではない。宇宙ステーションも，その中の人や物も，すべてが同じ重力で引かれ，同じ軌跡で自由落下し続けているからだ。要するに，等価原理である。伸びるカーペットの話に戻すならば，カーペット上に乗った人がやがて転んでしまうのは，カーペットのみに引っぱる力が働き，人に対して働いていないからということになる。人に対しても同様の力がかかり，自由落下の要領でカーペットの運動と同期がとれているのならば，人は転ぶことはないし，加速度がしだいに大きくなったとしても，それを感知することもない。実際に地球へ自由落下することを考えてみれば，地球からの距離で加わる重力の強さは違う

はずなのだが，周囲をみずしてそれを感知する術はないのである[*4]。

　では次に，さらに進んで，観測者がうんと遠くまで離れてしまった後のことを考えてみる。速さが指数関数的に大きくなるということは，いずれその速度は光速度を超えることになるはずだ。式 (2.2) には，どこにも光速度 c が入っていないのであるから，光速度うんぬんの制限とはまったく無縁である。よって，

$$R_\mathrm{H} = \frac{c}{H} \tag{2.4}$$

という距離 R_H 以上離れた場所にいる天体の後退速度は軽々と光速度を超える。R_H はハッブル距離とよばれており，具体的な数字を入れると 146 億光年程度となる[*5]。ちなみに，ハッブル定数の逆数のことをハッブル時間といい，当然ながら 146 億年程度になるが，この値はハッブル定数が宇宙の始まりからいままで変化していないと仮定した場合，宇宙は 146 億年前に 1 点に集まっていたことを意味している。ただし，実際の宇宙は，インフレーションによる急加速膨張ののち，重力によって減速しながら膨張を続け，その後再び 60〜70 億年前から加速膨張に転じるという複雑な変化をしているので，ハッブル時間は 1 次近似的な意味しかない。なお，宇宙膨張の加減速を考慮した実際の宇宙の年齢は 138 億年と考えられている。

　以上の考察から，地球からみて 146 億光年かなたにいる住人は，ハッブルの法則（式 (2.2)）に従い光速で移動していることになる。「もし自分が光の速さで飛んだなら，顔は鏡に映るだろうか?」というのがアインシュタインの高校時代の疑問だったそうだ。光速度で飛ぶ身体の前方に，これまた光速度で飛ぶ鏡を置いたなら，その間を光は進んでいけるのかという疑問である。仮に鏡に顔が映らないことが正しいならば，この辺境の地に住む住人[*6]は「地球側からくる星々の光がみえない」ような状況にならなければならない。だ

[*4]　ただし，人には大きさがあるから，頭のてっぺんとつま先で若干の加速度の差が生じる場合がある。これが潮汐力であり，場合によっては人を引き裂く力となり得る。これは第 7 項で詳しく解説する。

[*5]　ハッブル定数は何度も変更されており，使う値によってハッブル距離も変化する。ひと昔前の本では 71 km/s/Mpc 程度が使われ，137〜139 億光年になっている場合が多いが，2013 年のプランク衛星での結果（67.15 ± 1.2 km/s/Mpc）を用いると 146 億光年となる。

[*6]　この住人にとってみれば，"辺境の地" にいるのは地球人の方である。

が，宇宙には端もなくほぼ均一と考えられるのだから，この地に住む住人も，どの方向を見渡しても均一に星々がみえ，さらにハッブルの法則に従い，やはり遠くの天体ほど後退速度が大きいはずである。ということは，この住人からみると，地球[*7]はほぼ光速度で離れつつあり，ふり返って反対側をみると，やはり 146 億光年離れた先に "逆向き" に光速度で離れる天体が存在していることになる。この天体は，地球から考えれば光速度の 2 倍の速度で離れつつあることになるわけだ。

さて，ここで問題なのは，このことが相対論に背反すると考える人が多いという点である。前著『相対論の正しい間違え方』にも似たような設問がある[1]。「左右に光速の 80% の速さの宇宙船を飛ばすと，互いに光速の 160% で離れていくはずである。これは『光速は超えることができない』という相対論の帰結に反しないか？」というものだ。ちなみに，この場合の特殊相対論での速度の合成は $0.8c + 0.8c$ ではなく，

$$\frac{0.8c + 0.8c}{1 + 0.8 \times 0.8} \approx 0.976c \tag{2.5}$$

であるから，ほかのどのような速度の合成でも，決して光速度 c を超えることはないというのが結論であった。

この宇宙船を，地球から 146 億光年離れた天体に書き換えれば，今回の膨張する宇宙とほとんど同じシチュエーションとなる。仮に式 (2.5) が適用できるとするならば，どれほど遠くの天体であっても，決して光速度を超えて移動することはできないことになるが，今回の場合は，素直に光速度の 2 倍などといってよい。146 億光年より向こうにある天体は超光速度でわれわれから離れているので，そこからの光さえもわれわれには届かず，何の情報も入ってこない観測不可能な領域（宇宙の地平線）である。ましてや，光速度の 2 倍で遠ざかっている領域からの信号は，どう頑張っても届かない。

前項で登場した「地平線問題」を思い出していただきたい。観測可能な宇宙全体を見渡したとき，光速度で移動しても互いに情報を交換できる場所はごくわずかなのに，なぜこれほどまでに宇宙全体は似かよっているのか，と

[*7] 実際にはまだ影も形もないときの映像しかきていないだろうが……。

いうのが「地平線問題」であった。その解決策は，生まれたての宇宙内の物質は混じり合って均一化しており，それがインフレーションで一気に引き離されたというものであった。インフレーション理論でもたらされる膨張は急激なもので，引き離された後に"再び"混じり合って互いに干渉することができた領域は，宇宙全体からすればごく近傍のみなのである。すなわち，宇宙自身の膨張は「光速は超えることができない」という特殊相対論の制約は受けず，超光速の膨張が可能なのである。

　以上，宇宙の"中心"から離れた場所では，そこにある物体への加速度が増大し，さらにその速度も超光速になるという解説を行った。また，そのような極限的な場所であっても，結局はどの場所でも同じ状態であるということも示したつもりである。それでも「なんとなく納得がいかない」と思えたのではないだろうか？　種明かしをすると，これまでは意図的に，宇宙の膨張が「宇宙内で起こった大爆発」で始まったかのような図で説明をしていたのである。最初は伸びるゴムひも（図 2.1），のちにゴムのカーペット（図 2.2）による説明に変わったが，そのどちらも平たんな図であった。つまり，1 次元のひもをそのまま直線的に伸ばし，2 次元のカーペットを平面のまま広げた図になっていた。このような膨張のさせ方をすると，どうしても内部のどこかに不動点……すなわち，中心が発生することになる。本来ならばこれらの図は，さらに次元を 1 つ加え，端のない円あるいは球で表す必要がある（図 2.3）。

　円や球が膨張する場合，膨張の方向は円の接線あるいは球の接平面に対して垂直である。この方向の膨張は，線あるいは面の中に"束縛されて動いている住人"に対して何ら力を及ぼさない。彼らにとってみれば，それは自分たちの宇宙に対して直交する方向の動きであり力であるので，まったく認識することができないのである。ただし，線内あるいは面内の間隔は，自分たちの宇宙の中で通用する物差しで測ることができるから，その間隔が膨張していることは理解することができる。宇宙の膨張が，風船が膨らむ図で描かれることが多いのは，ここで述べた球の膨張と同じだからである。この場合，宇宙は風船の表面に描かれているので，2 次元的な宇宙である。この宇宙の住人（2 次元人）は，表面——正確には膜の中——をひたすら歩くだけで，穴

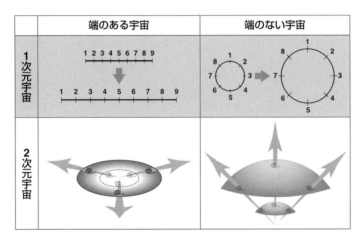

図 **2.3** 端のある宇宙の伸展と端のない宇宙の伸展。直線あるいは平面の宇宙には端がある。円形あるいは球形の宇宙には端がない。端のある宇宙は中心が存在するが，端のない宇宙は（その表面には）中心が存在しない。

を掘ったり飛び上がったりはできない[*8]。

　2次元的な "宇宙風船" が膨らむ様子を，3次元人のわれわれがみた場合，表面の2点の間隔が伸びるのは間違いないが，それは風船の体積が増したためだとみる。風船そのものが "内側から外側へ" 広がったために生じた現象だ。だが，風船の表面が世界のすべてである2次元人にはそれがわからない。彼らにとっては，内から外などという表面に垂直な動きは認識できないからである。

　1つ次元を上げて考えれば，われわれ3次元人の話にすることができる。ハッブルの法則で示される宇宙の膨張を目の当たりにしたとき，われわれは3次元空間の中でどうにかやりくりして膨張を説明しようと試みる。それが「遠方の銀河ほど後退速度が速くなっている」という表現である。だが，力を受けて遠ざかっているのではない。3次元空間内のあらゆる方向からまったく力が働いていないとしても，銀河は遠ざかるのである。それは，3次元空間

[*8]　要するに，2次元人たちは2次元表面に閉じ込められていて，これに垂直な方向へは自由に動くことができない。このような運動は束縛運動とよばれ，この考えを突き詰めると，測地線方程式などが示されて，やがて一般相対論へ続く道となる。

に対して垂直な方向の膨張であり，この方向からいくら力がかかっても，われわれはそれを認識できない。銀河は3次元空間上の1点に留まっているだけであり，膨張しているのは空間そのものなのだ。

　なお，宇宙の膨張とは別に，当然ながら星々の間にも重力が働き，日々動いている。そして，星々の移動速度は「光速は超えることができない」という特殊相対論の制約を受ける。たとえば，アンドロメダ星雲は，われわれの銀河との距離から考えて，宇宙の膨張により約 $50\,\mathrm{km/s}$ の後退速度をもつことになるが，この後退速度をもっていれば，アンドロメダ星雲は空間に対して静止していることになる。よって，アンドロメダ星雲から光が発せられた場合，われわれに近づく向きの速さは約 $c-50\,\mathrm{km/s}$，離れる向きの速さは約 $c+50\,\mathrm{km/s}$ になる。同様に，146 億年離れた場所にある天体の後退速度は c だから，そこから発せられる光は，われわれに近づく向きが 0，離れる向きで $2c$ となる。この光速度を超さない移動ならば，相対論に反することはない。宇宙空間の膨張と，宇宙空間の "上" を移動する天体の制限を混同してはならない[*9]。ちなみに，実際のアンドロメダ銀河はわれわれの銀河に対して $122\,\mathrm{km/s}$ で近づいているので，宇宙の膨張で互いに離れる以上に，重力で引かれる力の方が卓越しているようである。

　さて，これまで膨張を続ける宇宙について，その広がり方を円や球で説明してきたが，実際には，それら全体が "丸い" という保証はないということをつけ加えておこう。そもそも，宇宙全体が丸いというのは，宇宙は大局的にみればどこをみてもほぼ同じ（宇宙原理）という仮定がもとになっており，本当にそうなっているかどうかは注意深く観測してみなければならない。そして，幸いなことに，空間の膨張率を表すハッブル定数 H の値は，単一の値だけで事足りそうである。どういうことかというと，もしも，ビッグバン以降の空間の膨張が均等でなく，どこか広がりすぎていたり，あるいは逆に縮んでいたりするところなどがあるならば，宇宙に均等に割りふったはずの目盛が，1 と 2 の間はほかより広がり，4 と 5 の間はほかより狭くなっているといったことが生じるであろう。そうすると，場所ごと，あるいは方向ごとに

[*9]　とはいえ，星々やいまだ発見されていないダークマターの量によって，宇宙膨張の減速量が決まるので，単純に分けて考えることはできない面もある。

ハッブル定数を変えてやる必要があるが，大局的にみる限りそういったことはなさそうなので，ビッグバンはやはり「どこもかしこも」均等に起こったと考えるのがよさそうである[*10]。

ただし，この事実はわれわれが "みている範囲内で" という注釈がつく。われわれがみることができる光は，たかだか138億年の間に地球にやってくることができた光だけなので，さらに向こうの世界は傾いているのかもしれないし，もっと大きな視野に立てば，あちこち凸凹な宇宙のほんの一部だけをわれわれはみているのかもしれない。近くだけみるとまっすぐな海岸線も，離れてみるとリアス式海岸の一部だったというようなことはよくある話だ。前述のように，宇宙の膨張速度自身は光速度を超えて広がることが可能なので，いまだ地球に光が届いていない未知の領域があっても不思議ではないし，そういう領域がたくさんあると考える方がむしろ自然である。もっとも，その領域を知るためにはさらに数十億年の年月がかかるだろうし，地平線の向こう側の世界がどんなに奇妙な世界であっても，われわれと相互作用がない世界なので，心配することはないと考えておこう。

参考文献

1) 松田卓也，木下篤哉：『相対論の正しい間違え方』（丸善出版，2001）pp. 39–45.

[*10] もちろん，小さなスケールでみるならば，銀河やブラックホールなど，周囲より縮んだ場所もあるが，宇宙の大規模構造も含め数百 Mpc 程度のスケールで考えれば，何ら偏りは見つからないということである。

絶対静止系は存在するか？

【正しい間違い3】
宇宙背景放射が等方的にみえる座標系こそ絶対静止系である

　この主張は「相対論は間違っている」とする人々が好んで主張するものの1つである。絶対静止系とは，ニュートン（I. Newton）が述べた概念で，宇宙という入れもの全体に対し静止しているといえる唯一の座標系のことである。すなわち，唯一 "静止系" とよぶことのできる座標系が存在し，その座標系に対して静止していないものはすべて運動している系だと考えるのである。絶対静止系というものが実際にあるとすれば，それはまず慣性系でなければならないが，慣性系か否かは加速度の有無でわかる。ニュートンはいわゆる「ニュートンのバケツ」という思考実験で，水をたたえたバケツが回転しているなら遠心力により中央が凹んだ水面になることを指摘し，バケツが回転しているのか宇宙が回転しているのかは，バケツの水面をみれば判断がつくと考えた[*1]。しかしながら，「絶対静止系に対する地球の運動速度は？」という質問にニュートンは答えることができなかった。ニュートン力学はガリレイ変換に対して不変であり，特別な絶対静止系を必要としない。すなわち，ある慣性系と別の慣性系とは互いに対等な関係にあり，どちらの方が「より絶対静止系に近いか？」ということを示す材料がなかったのである。

　絶対静止系の発見につながるような事案は，ニュートンの死後100年近くなかったが，19世紀初頭のヤングの実験により光が波であることがわかると，光を伝える媒質としてエーテルという物質が考えられるようになった。たと

[*1] これに対しては，バケツが静止し宇宙が回転していた場合も，やはりバケツの水は中心が凹むはずだと，マッハ（E. W. J. W. Mach）が反論を試みている。この考え（マッハ原理）からアインシュタインの一般相対論の概念が生まれたといってもよい。

えば，空気中を伝わる音波の場合，空気がなくなれば音は伝わっていかない。ところが光の場合，何もないはずの真空中であっても伝わっていく。星空の光はそれこそ宇宙空間のあらゆる方向からきているので，宇宙全体にエーテルという物質が詰まっていると考えねばならない。そして，このエーテルが静止している座標系こそが絶対座標系であると考えられるようになり，19世紀後半にはエーテルに対する地球の運動を検出する試みが盛んに行われた。

　観測原理そのものは単純である。エーテルに対し静止した座標系では，光はあらゆる方向から同じ速さでやってくるが，エーテルに対して動いている系では，方向によって光速が異なるので，その差を検出すればよい。ただし，19世紀末の測定技術では，この差異を見つけることは困難であった。1887年には精度的な問題をクリアしたマイケルソン・モーリーの実験（Michelson-Morley experiment）が行われたが，結局は方向による光速度の差異が見つからなかったことで，それを説明するためのさまざまな議論が生まれることとなる。「エーテルに対して運動している物体は，その運動方向に縮む」というローレンツ収縮が提案されたのも，このときである。

　そもそも，光の媒質としてのエーテルは，かなり奇妙な性質をもつ物質だ。第1に，それは固体である。光は横波であるので，進行方向横向きの変形に対して波を伝搬させなければならない。次に，それは非常に硬い物質である。そうでなければとびきり速い光速度を説明できない。そうであるにもかかわらず，水やガラスなど，光を通す物質にはスイスイと入っていくという性質がある。われわれにもバシバシとぶつかっているはずだが，風圧は感じてもエーテル流はみじんも感じない。さらには，エーテルの圧力によってローレンツ収縮が生じるならば，相手が綿でも鋼鉄でも，同じ縮み方をするのはなぜか……などなど。現代から考えるとかなり滑稽ですらあるが，当時の物理学者たちは大真面目にエーテルの痕跡を探し，議論をしていたのである。

　紆余曲折の観測や議論の末，最終的には，ローレンツ収縮を含むさまざまな事象がアインシュタインの特殊相対性理論により統一的に説明されることとなり，エーテルおよび絶対静止系そのものの概念は不必要となって，この騒動は終結することになった。にわかに高まった絶対静止系（エーテル静止系）発見への期待が，特殊相対性理論の登場により，再び必要のないものと

されてしまったのである。こういう経緯があるからであろうか。「相対論は間違っている」と主張する人々は，絶対静止系となり得る存在を示すことができれば，それが相対論への反証になると思い込んでいる節がある。

　一方，宇宙マイクロ波背景放射（CMB）とは，灼熱のビッグバン時代のなごりとして全宇宙に充満している光である。ビッグバンから 138 億年たった現在，その光は宇宙の膨張とともに冷え込んで，2.7 K の黒体放射光として観測されている。実際には目にみえる可視光ではなく，波長 1.9 mm，周波数 160 GHz にピークがある電磁波（マイクロ波）だ[*2]。

　さて，この 2.7 K の温度をもつ CMB が宇宙に満ちており，それらは四方八方からきていることになるわけだが，では，この CMB に対して観測者が移動していたらどうなるだろうか？　観測者が進む向きの正面からやってくる光はドップラー効果によって波長が短くなり，逆に後方からの光は波長が伸びることになりはしないだろうか？　さらにいえば，方向によって CMB の波長が変化するということは，観測者がみる向きによって，宇宙の温度が異なっていることになる。要するに，全方位で同一の 2.7 K の放射温度ではないことになるはずである。

　具体的に計算をしてみよう。前著『相対論の正しい間違え方』にも同様なことを書いたのだが[1)]，速さ v で移動する宇宙船の進行方向前方からやってくる波長 λ_0 の光はドップラー効果により，

$$\lambda = \sqrt{\frac{c-v}{c+v}}\lambda_0 \tag{3.1}$$

という波長 λ に変化する。ウィーンの変位則により，ある黒体の温度 T と，その黒体が発する光のピーク波長 $\lambda_{\max}$ の積は一定なのだから，宇宙の温度 2.7 K と太陽の表面温度である 6000 K の黒体のピーク波長をそれぞれ $\lambda_{2.7}$ および λ_{6000} とすれば，

$$\frac{\lambda_{6000}}{\lambda_{2.7}} = \frac{2.7}{6000} = \sqrt{\frac{c-v}{c+v}} \quad より，\quad v \approx 0.9999996c \tag{3.2}$$

という関係が成り立つことがわかる。CMB を等方にみる座標系に対してこ

[*2]　「宇宙の晴れ上がり」当時は 3000 K の温度があったので，いわゆる "電球色" の可視光だったはずだ。

の速度で移動する宇宙船に乗り込むと，その搭乗者は進行方向前方から太陽と同じ白色光となった CMB をみるとともに，その周辺でしだいに赤くなっていく光のグラデーションをみることになるだろう。すなわち，宇宙は等方ではなく，宇宙船が進んでいる方向を CMB の観測によって知ることができるわけである。

　さらに極端な場合を考えてみよう。今度は宇宙船ではなく宇宙 "線" の場合を考える。宇宙線とは宇宙空間を飛んでいる高エネルギーの放射線のことであり，9 割近くは陽子である。そもそも，宇宙にある元素の 9 割は水素なので，その原子核となる陽子が飛び回っていると考えればよい。そして，高エネルギーの粒子とは，とりも直さず，非常に高速であるということだ。これら宇宙線の視点に立てば，CMB は等方にはみえない。速度が光速 c に近づいていくと，進行方向前方からやってくる CMB の波長は可視光から紫外線，さらには X 線や γ 線になっていく。γ 線のエネルギーが高くなると，やがて陽子と相互作用をするようになり，パイ中間子を生成して陽子のもつエネルギーが減る。陽子の視点からみれば，前方から γ 線がぶつかってきて，エネルギーをもち逃げされる格好になる。つまり，宇宙線がある一定以上の速度（エネルギー）になると，必然的に CMB と相互作用してしまい，再び低いエネルギーに戻されてしまうのである。

　このエネルギーの限界のことを GZK (Greisen-Zatsepin-Kuzmin) 限界[3]といい，その値はおよそ $5 \times 10^{19}\,\mathrm{eV}$ になる。宇宙では $10^{19}\,\mathrm{eV}$ 程度のエネルギーをもつ宇宙線はそこそこあるのだが，GZK 限界を超える $10^{20}\,\mathrm{eV}$ 以上の宇宙線は極端に減るのである（GZK カットオフ）。余談だが，陽子 p と CMB 由来の γ 線（γ_{CMB}）の相互作用には 2 種類ある。

$$\mathrm{p} + \gamma_{\mathrm{CMB}} \to \Delta^{+} \to \mathrm{p} + \pi^{0} \tag{3.3}$$

$$\mathrm{p} + \gamma_{\mathrm{CMB}} \to \Delta^{+} \to \mathrm{n} + \pi^{+} \tag{3.4}$$

陽子 p と中性パイ中間子 π^0 に変化した方は，その後パイ中間子が 2 つの γ 線に変化する。陽子 p が中性子 n に変化した方は，中性子は陽子と電子にな

---

[3]　このエネルギー限界は，CMB が発見された翌年の 1965 年にはすでに提唱されており，近年になってそれが正しいことが観測データからわかってきている。

り，荷電パイ中間子 π^+ は最終的には陽電子と複数のニュートリノになる。地球上でも，わずかながら GZK カットオフを超える宇宙線（extreme-energy cosmic ray, EECR）が観測されているが，それらは短期間で CMB と相互作用するので，"近場で発生した新鮮な光" であるはずだ。近年は，Telescope Array Project など，これら EECR がどの方向からやってきて，発生源は何かなどが研究されている[2]。

　さて，ここまでの話で，CMB に対して光速度に近い速度で進む宇宙船や宇宙線からみた宇宙の風景が，われわれがみている宇宙とはかなり異なることはご理解いただけたと思う。逆に考えると，宇宙が一様で等方とする宇宙原理を仮定するならば，宇宙中に充満している CMB が一様で等方にみえる座標系……簡単にいえば，どこをみても CMB の温度が 2.7 K で変わらない座標系というものが唯一あるはずだから，それを絶対静止系とよんでよいのではないかという主張が出てきても不思議ではない。そして，CMB が一様で等方にみえる座標系（CMB 静止系）というのはたしかに存在し，「CMB 静止系に対する地球の運動速度は？」という質問にもちゃんと答えることができる。宇宙全体を見回し，温度が高い方向を見つけ出せば，地球はそちらに向かって進んでいることがわかることになる。具体的には，天球上の赤径 11.2 度，赤緯 −6.0 度の方向の CMB の温度が 3.35 mK だけ高く，反対側がその分低くなっている（ダイポール非等方性）。

　最近の衛星観測では，CMB の量子ゆらぎが見つかるなど観測技術の進歩がめざましいが，このゆらぎは温度にして 10 数 μK のレベルの変動であり，まずはダイポール非等方性……すなわち，CMB に対する地球の移動の効果を除去した後にようやく得ることができるレベルのデータなのである[*4]（図 3.1）。

　では，この CMB 静止系をニュートンのいう絶対静止系と「認定」してよいのかといえば，2 つの意味で問題がある。

　1 つ目は，"絶対" と名づける特別な意味がないという問題だ。特殊相対性理論で不必要とされた絶対静止系というのは，光を伝搬させるエーテルという物質が不必要だったということである。エーテルに対して光が同心円に広

[*4]　実際には，さらにローカルな銀河の光も除去しなければ，ゆらぎデータは得られない。

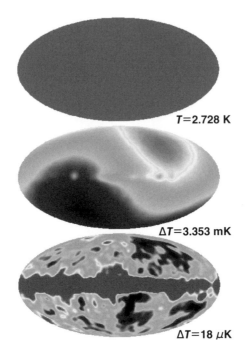

T=2.728 K

ΔT=3.353 mK

ΔT=18 μK

図 3.1　宇宙背景放射探査機 COBE-DMR により観測された CMB の非等方性。CMB の量子ゆらぎを算出するには, CMB 静止系に対してわれわれの太陽系が運動していることで発生するダイポール非等方性を取り除く必要がある（出典：NASA の LAMBDA-Data Products より。https://lambda.gsfc.nasa.gov/product/cobe/dmr_image.cfm）。

がるのであれば, エーテルに対して動いている物体からみれば, 光の速さは方向によって異なる。進行方向前方へ進む光は遅く, 後方へは速い。仮に, CMB 静止系に対して動いている物体が発した光が, 同様な速度変化を起こすのであれば,「CMB 静止系 = 絶対静止系」といってよいだろう。だが, ダイポール非等方性の観測から CMB に対する地球（を含むわれわれの銀河をさらに含む局所的な銀河群）の速さが 630 km/s 程度なのは算出できるが, 光速度が方向の違いによって $c \pm 630$ km/s となるような変化は観測されないのである。よって, CMB はエーテルのかわりにはなり得ず, ニュートンが考えたような絶対静止系の基準とするには力不足である。

　では, 特殊相対性理論の反証にはならないという点は目をつぶるとしても, CMB は宇宙空間の中でもっとも一様で等方的に観測される存在であるのだ

から，大局的な座標系の基準になり得るという意味で絶対静止系といっても
よいのではないか？……という主張もあり得るだろう。これ以上宇宙全体に
対して均一なものなど存在しないのだから，これを絶対静止系とよんでも何
も不都合はないように思われる。しかし，この主張に対しても，そうとはい
い切れないというのが2つ目である。

　CMB 静止系にいる観測者が，宇宙がどこを向いてもほぼ同じ風景を観測す
るとしても，前項で述べたように，"みえている範囲内" の宇宙という注釈が
つく。ビッグバンの前のインフレーションにより宇宙が指数関数的な膨張を
したとすれば，その前にあった凸凹は大きく広げられ，見渡す限りの宇宙で
はその痕跡は見つけられないかもしれない。だが，凸凹はあくまでも広げら
れただけなので，観測可能な宇宙の外側まで同一の平たんさが続くとは限ら
ない。さらには，領域によってインフレーションの "膨らみ方" が場所ごとに
違う可能性もある。指数関数的な膨張である以上，領域ごとのわずかな温度
や密度の違いを反映し，凸凹がさらに増幅しているかもしれない。観測可能
な宇宙の外側に，いまも急激にインフレーションしている宇宙があるかもし
れないわけである*5。われわれが「宇宙」というとき，多くの場面で観測可
能な範囲の宇宙を暗に仮定しており，そのもっとも遠くからの光が CMB な
のだが，CMB が一様で等方的だからといって，観測不可能領域を含む「宇宙
全体」が一様で等方的とは限らない。みえていない部分にどんな "オバケ" が
潜んでいるのかわからないのである。

　一例を挙げてみよう。CMB 静止系はビッグバン時の宇宙の光が完全に一
様・等方にみえる座標系であるから，そのゆらぎから進化した銀河団の動き
は，局所的にみれば偏っていても，宇宙全体としてみれば CMB 静止系に対
して完全にランダムで，全体の運動量の総和はプラスマイナスゼロとなるは
ずである。ところが，WMAP の CMB データを用いた研究3) から，かなり
広範囲の銀河団が共通な方向に流されていることが発表された。この流れに
は「ダーク・フロー」という名前が与えられ，これら銀河団を引きつけてい
る物体は，われわれの観測可能な範囲の外にあるという主張がなされた。イ

---

*5　どちらかというと，あちこちでいまも無限にインフレーションを起こしている領域があるとい
　う考え方の方が主流である。

ンフレーションの前にすでにそういう流れが存在し，インフレーション時に
重力源は観測可能域の外へ出て行ったが，インフレーション以後の CMB と
は別に，その流れだけは残っているというのだ。われわれは宇宙という海原
に止まっていると思っていたら，どうやら水平線のかなたの滝壺（？）へ流
されているらしい……という主張である。幸か不幸か，その後の精密な観測
を含め，「ダーク・フロー」を支持する研究は乏しく，銀河団の一連の動きは，
われわれに "みえている範囲内" の出来事で説明がつくということで落ち着
きそうである。仮に，この「ダーク・フロー」説が完全に間違っていたとし
ても，そういうことがあり得るという可能性までが否定されたわけではない。
CMB はわれわれに "みえている範囲内" においては最大規模の均一な現象か
もしれないが，かといってそれが，観測可能な宇宙の外まで続いているとは
保証できないのである。

　さて，ここまで，CMB 静止系は絶対静止系とはなり得ないということを
延々と述べてきたわけだが，では，ニュートンが考えたような絶対静止系とい
うものはどこにも存在し得ず，すべては相対的な静止系しかないのだ……とい
うのが最終結論だとするならば当たり前すぎて少々おもしろくないので，特
別な座標系を考えることもできるのではないかという提案を最後にしておく。

　宇宙を考えるさい，宇宙という入れものを一様で等方，すなわちロバート
ソン・ウォーカー計量で表し，これにアインシュタインの重力方程式を適用
して宇宙の進化を研究するのが，第 1 項で述べた昔ながらのやり方だが，こ
のロバートソン・ウォーカー計量上に固定された座標というものを考えるこ
とができる。これは第 2 項でも説明した共動座標系である。アインシュタイ
ンが考えたように，もしも，この宇宙が完全に一様・等方で，かつ，閉じて
いる[6]とするならば，その上に留まっている物体と，動いている物体とは観
測結果に差が生じる。簡単にいえば，どちらが動いているのかが区別できる
ことになる。

　これを理解するには，「宇宙を一周する双子のパラドックス」というものを

---

[6]　宇宙論で宇宙が「閉じている」とは，いずれ宇宙の膨張が止まり，収縮に転ずるという意味で
あるが，ここでは，宇宙をどんどん進むと，いずれもとの位置に戻ってくるという意味で使って
いる。いわゆる「果てがない」宇宙のことだが，便宜上「閉じている」とよぶこととする。

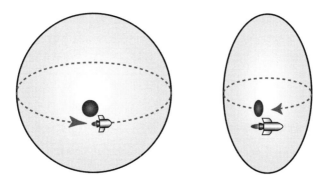

図 3.2　宇宙を一周する双子のパラドックス。宇宙が膨張も収縮もしておらず閉じている場合，地球を出発した宇宙船は，途中で加速度運動をすることなく，再び地球に戻ってくることができる。この場合，地球にいる側と宇宙船にいる側のどちらが年をとるのだろうか？

考えればわかりやすい（図 3.2）。普通の「双子のパラドックス」というのは，双子の弟が地球に残り，兄が宇宙船に乗って移動，U ターンして戻ってくると弟の方が年をとっていたという設定で，兄の立場でみれば，移動するのは弟だから，兄の方が年をとっていたことになりパラドックスとなる……というものだ。実際には，宇宙船に乗った兄は途中で加速度運動をし，宇宙全体に一様な重力場を感じる期間があるため，兄の立場でも，弟の立場でも，年をとるのは弟の方だということが説明できる。これに対し「宇宙を一周する双子のパラドックス」というのは，宇宙が閉じているとするならば，地球一周と同じように，ずぅーっと一直線に移動すればもとの位置に戻れることになるので，ずっと慣性飛行を続けたまま U ターンすることなく，弟と再会することができる[*7]。この場合，兄弟の立場が完全に同等であるので，再会時に互いに相手の方が年をとっているとみるのではないか……というパラドックスだ。通常の「双子のパラドックス」とは異なり，宇宙が閉じていると仮定した段階で，宇宙全体は特殊相対論が厳密に成り立つような平たんな世界ではないことになってしまうのだが，そうだとしても，互いがまったく同じ条件で再び出会い，互いに相手の方が「年をとっている」となるのであれば

[*7]　宇宙船出発時に加速期間があるが，ここで年齢差が開くことはない。距離が離れてからの加速が重要なのである。

矛盾である。双方で何かが異なっているはずだ。

　結論からいうと，年をとるのは共動座標にいる方……正確にいうと，共動座標に対して動きの少ない方ということになる。一様・等方なロバートソン・ウォーカー計量は，要するに4次元球の表面を表していることになるのだが，この表面に対し移動している物体からみると，進行方向はローレンツ収縮をしており，一周の長さが短くなる。すなわち，共動座標上にいる人からみれば宇宙は球体であっても，それに対して移動している人からみれば，宇宙はラグビーボールのようになっている。このため，宇宙一周の距離が短くなり，一周に要する時間も短くなるのである。いい換えれば，共動座標は宇宙全体のローレンツ収縮がない座標系ということになるから，宇宙全体の体積を最大とする特別な座標が1つ存在するということができる。この座標を絶対静止系とよぶのであれば，それほど間違ってはいないと思うのだがどうだろうか？[*8]

参考文献

1) 松田卓也，木下篤哉：『相対論の正しい間違え方』（丸善出版，2001）pp. 153–155.

2) 佐川宏行：「テレスコープ・アレイ（TA）実験の最近の成果」ICRR ニュース 78 (2011/12/15).

3) A. Kashilinsky et al.: "A Measurement of Large-Scale Peculiar Velocities of Clusters of Galaxies: Results and Cosmological Implications," Astrophys. J. 686, L49 (2008).

[*8] ただし，宇宙全体の形を知るよしもないわれわれにとって，共動座標に静止した系を知ることは不可能であるし，そもそも宇宙のあちこちで膨張率が違う凸凹した宇宙では定義することすら難しい。なお，絶対静止系が定義できるような時空の場合，空間はあちこちで曲がっているので特殊相対論は成り立たないが，宇宙全体を考えるような大局的なことを考えない限り，特殊相対論は十分に役に立つ。

銀河は膨張しているか？

【正しい間違い4】
　宇宙は現在も膨張しており，銀河もわずかずつ膨張している

　宇宙の初期にビッグバンがあり，いまも宇宙が膨張しているという事実は，宇宙論の話題が載った科学雑誌や啓蒙書では必ず紹介される。ビッグバンの前のインフレーションから，あるいは，その前の "無" からの誕生が述べられていたり，いまから数十億年前に減速膨張から加速膨張に転じたという詳細な解説まで書かれていたりするかもしれないが，いま現在も宇宙が膨張中であることは必ず書いてあると思って間違いない。そのさい，表面に星や銀河などの天体が描かれた風船が登場し，風船が膨らむにつれて天体間の距離が開いていくイラストが使われることが多い。この風船のアナロジーのよいところは，膨張宇宙の概念がわかりやすいことに加え，大きさには限りがあるが端はない宇宙を視覚的に説明できる点にある。これは，地球の表面積は有限だがどこにも端がないのと同じである。

　一方，欧米では，宇宙の膨張を表すとき，レーズンパンのアナロジー（raisin bread dough analogy）が使われることがある。パン生地が宇宙で，中に含まれたレーズンを天体と考えればよい。パン生地が膨らむと，レーズン同士の間隔もしだいに大きくなるという説明である。このアナロジーの利点は，3次元の宇宙の膨張を，そのまま3次元の膨張で伝えることができる点にある。風船のアナロジーでは，風船の表面（つまり2次元）を宇宙全体とみなしていたため，われわれの宇宙の現象としてとらえるには次元を1つ上げて想像しなければならない。そのかわり，レーズンパンのアナロジーでは，パンの端が必ず存在してしまうので，「パン生地の外側はどうなるのか？」「パンの中心は移動せず，周辺部だけ移動し膨張しているのではないか？」といった

質問にさらされるだろう。どちらのアナロジーも一長一短あり，優劣は決めがたい。

　さて，風船とレーズンパンのアナロジーを比較すると，中に含まれる天体の挙動にも差があることがわかる。風船のアナロジーの場合，天体は風船上に描かれているから，風船の膨張により天体同士が離れるのはもちろんのこと，天体自身も引き伸ばされて膨張することになる。レーズンパンのアナロジーの場合は，レーズンが天体を表しているので，それ自身が膨張することはない。さて，どちらが正しいのだろうか……というのが，本項の主旨である。結論からいうと，レーズンパンのアナロジーの方が正しい。星や銀河などの天体自身は膨張しないのである（図 4.1）。

　たとえば地球や月などの惑星や衛星は，岩石を引きちぎってバラバラにすることも，逆に圧力をかけて縮めることも大変難しい。星にはそれ相応の形と大きさが備わっている。これは，引力と斥力の拮抗（きっこう）がもたらした結果である。星をバラバラにするには，重力により集められた岩石を外に向けてちぎっては投げちぎっては投げ……をくり返す必要がある。たとえば，星の密度 ρ を一定とした場合の星の質量を M，半径を R とし，投げ上げる岩石の速度を V とするなら，

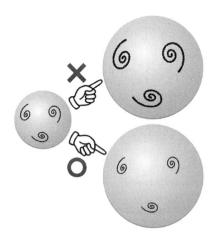

図 4.1　宇宙の膨張と銀河。宇宙が膨張すると星々の間隔も膨張することになるが，互いの重力で大きさを保っている銀河自身の大きさは変化しない。

$$E = \frac{1}{2} \int_0^R \mathrm{d}M(r)V(r)^2 = \frac{16\pi^2}{3} G\rho^2 \int_0^R r^4 \mathrm{d}r = \frac{3GM^2}{5R} \qquad (4.1)$$

ただし，　$M(r) = \frac{4}{3}\pi r^3 \rho$,　$\mathrm{d}M(r) = 4\pi r^2 \rho \mathrm{d}r$,　$V(r) = \sqrt{\dfrac{2GM(r)}{r}}$

というエネルギーがなければ，星はバラバラにはならない（G は万有引力定数）。これは，星全体を第 2 宇宙速度にもっていくエネルギーの 6 割になる。地球で考えるならば，2.2×10^{32} J 程度。太陽が 1 週間かけて放出するエネルギー量に匹敵する[*1]。逆にいえば，宇宙のちりが地球サイズに凝縮するさい，このくらいの熱エネルギーが発生するということである。余談であるが，物質が凝縮するさいに発生する重力エネルギーは，恒星の核融合反応によるエネルギー解放と比べて遜色ないどころか，圧倒的に大きい場合がしばしばある。式 (4.1) からわかるように，星の半径が小さく質量が大きい場合に解放されるエネルギーは大きい。たとえば超新星爆発（II 型）の場合，太陽が百億年超の生涯にわたって放出する全エネルギー分をほんの 10 秒程度で放出してしまうが，その膨大なエネルギーはすべて重力エネルギーの解放といってよい。そして，その重力エネルギーは，もとをたどれば宇宙初期のインフレーションによる宇宙の膨張と，その後のビッグバンによる物質の生成によって，宇宙全体に満遍なく物質がばらまかれたことに起因している。すなわち，われわれが宇宙で眼にする膨大なエネルギーの解放は，ビッグバンで生成された膨大な位置エネルギーの備蓄を，ちびちびと"消費"しているにすぎない。

　ちなみに，岩石でできた惑星（地球型惑星）を縮める方向に力をかけたときに斥力となるのは，岩石をつくっている原子同士の電気的反発である。たとえばこれを押し縮め，地球を中性子の塊……要するに中性子星にするには，地球の半径をおよそ 100 m くらいに圧縮しなければならない。そのときに必要なエネルギーは，地球をバラバラにするエネルギーよりはるかに大きい。ただし，これも星の大きさや質量しだいであり，何らかの理由で巨大な星になってしまえば，そのうち自身の重力に負けて勝手に縮んでしまうだろう。

[*1]　膨大なエネルギー量に感じるかもしれないが，宇宙にはこの程度のエネルギー源はゴロゴロしている。たとえば SN1987A の超新星爆発の場合は，数秒のうちに 3.7×10^{46} J のエネルギーが放出されたと考えられている。

次に太陽のような恒星を考えた場合，重力に抗するのは，超高温・超高圧の中心部で生じた核融合反応による圧力である[*2]。もしも，何らかの原因で核融合反応が減少すると，重力が卓越して太陽は縮むが，その影響で中心部の超高温・超高圧が強まり，核融合反応が増加する。逆に，核融合反応がいつも以上に増加すれば，太陽は膨張し，温度・圧力ともに下がって，核融合反応が減少することになる。このように恒星には，多少大きさが変わってももとに戻る安全装置が備わっている。

では，太陽系や銀河のように，星々が互いに回転し合っている場合はどうだろうか？　単純に考えるとこれらはただ回っているだけであり，働いている力は重力のみである[*3]。それでも太陽と地球の距離が少々の外力（あればだが……）で変化しないのは，一言でいえば，回転する物体の角運動量が保存されるからである。フィギュアスケートの回転で，スケーターが腕を縮めると回転が速くなる原理と同じなのだが，回転が速くなると，手を縮めるための力が余分に必要となる。たとえば，質量 m の球が長さ r のひもにつながれ，角速度 ω で回転していた場合，角運動量 L は

$$L = mr^2\omega \tag{4.2}$$

で表され，ひもにかかる力 F は，

$$F = mr\omega^2 \tag{4.3}$$

で表される。ひもの長さが a 倍になったとした場合，L が保存されるのだから，角速度 ω は $1/a^2$ 倍になる。よって，このときひもにかかる力 $F(a)$ は，

$$F(a) = \frac{1}{a^3}F(1) \tag{4.4}$$

になる。要するに，ひもが長くなれば回転に必要な力が急速に弱まり，短くなれば強くなる。よって，中心の重力源（地球にとっては太陽）の力が変わら

[*2]　ビッグバン直後の超高温・超高圧で，ヘリウムと重水素など軽い元素が生み出されて以来，そのほかの元素は恒星などの星の中の核融合反応や中性子星同士の衝突などで生み出されている。

[*3]　回転による遠心力が重力とつり合っているという表現もあるが，遠心力はあくまでも見かけの力であり，銀河を外からみている立場の観測者からみれば，存在しない力である。

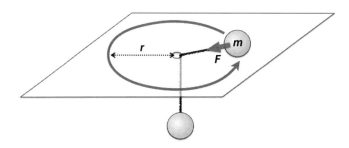

図 4.2　回転するおもりとひもでつながれたおもり。平面に穴を開け，穴を通ったひもで 2 つのおもりをつなぐ。平面上のおもりを回転させると，下に吊るされたおもりが引っぱる力とつり合う場所で安定する。

ないのであれば，何らかの外力で多少軌道が変化しても，もとに戻るのである。たとえば，図 4.2 で示されるように，両端に球を取りつけたひもを穴を開けた板に通し，一方を板上で回転させると，適当なところでつり合う。このとき，下の球を手で下に引っぱれば，上面の球の回転が急激に増すので，手を離すともとの軌道に戻る。逆に下の球を押し上げれば，回転が弱まり，手を離すとやはりもとに戻ることになる[*4]。

　さらにもう 1 つ。この板をメガホンのように円錐状に丸めたとしよう。そしてこの中にビー玉を投げ入れてみてほしい（図 4.3）。中心部には穴が開いているので，ど真ん中に投げ込めば何事もなく穴を通って向こう側に突き抜けていくが，少しずれて壁面に当たると，何度かくるくると回ってなかなか穴まで落ちていかない。勢いよく投げ入れれば，反転してもとに戻ってくることすらある[*5]。反対に，巨大なすり鉢のような円錐の底の方にわれわれが入り込み，壁面に沿ってビー玉を投げ上げたとしても，淵から外に出るだけの速度がないならば，再び同じ高さまで落ちてくるだろう。そしていったん下方に降りた後，穴から落ちさえしなければ，同じ場所に再び戻ってくるような動きをする。要するに，安定している軌道を無理に縮めたり広げたりするようなことをしても，もとの位置に自然と戻ろうとする復元力が備わって

[*4]　実際には摩擦があるので，しだいに回転半径は小さくなる。

[*5]　この原理を応用してプラズマを封じ込めるタンデムミラー型装置というものがあり，核融合炉の 1 つとして研究されている。この装置は，本文中にもあるように，ど真ん中を通るプラズマ流が抜けていく欠点がある。

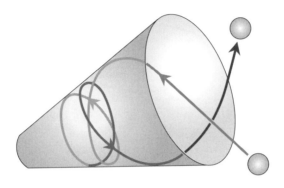

図 **4.3** 円錐に投げ入れたボール。メガホンのように頂点部に穴が開いている円錐にゆっくりとボールを入れると穴から落ちるが，中心を外して勢いよく投げ入れると，中で壁面を回転し，反転して戻ってくる。

いるのである[*6]。

　ちなみに，角運動量の保存により回転速度が速くなるのは，銀河形成にとっては重要な要素である。もともと宇宙空間にあった星間ガスは目立った回転はみられないのだが，ガスが収縮すると回転速度が増し，円盤状の "見慣れた" 銀河となる。太陽系の形成についてもその小規模なものと考えればよい。そして巨大な回転体として形成された銀河や太陽系は，上記したとおり安定である[*7]。

　では，宇宙の膨張によって銀河が大きさを変えないというのならば，銀河同士の間隔は広がっているだろうか？　たとえば，われわれの銀河近傍のマゼラン星雲やアンドロメダ星雲は，膨張に合わせて離れているのだろうか？

　われわれの銀河系の質量は 6×10^{42} kg ほどであり，アンドロメダ星雲までの距離は，2.2×10^{22} m（≈ 0.7 Mpc）程度ある。質量 M の重力源から距離 R だけ離れた場所においた物体が無限遠にまで遠ざかるための速度 V_e（脱出速

[*6]　極端な話だが，ブラックホールのシュワルツシルト半径の 3 倍以下の距離では，安定した回転速度というものが存在しない（ただし，不安定な回転軌道ならば，半径の 1.5 倍まで存在する）。このため，少し内側に押し込むと，螺旋軌道で速度を増加させながらそのままブラックホールへ落下する（第 7 項参照）。また，重力定数が徐々に小さくなれば星同士の間隔が広がるという仮説（ディラックの大数仮説）もあり，地球と月の間隔の変化で検証されたが，現在この説は観測結果により否定されている。

[*7]　ただし，銀河がどのように形成されるかについては現在も諸説あり，どのような過程を経て，銀河の収縮が止まるのかはわかっていない。また，銀河の回転速度が外側でも落ちないことから，ダークマターを含めた理論と観測があり，いまでもホットな研究分野の 1 つである。

度）は，

$$V_e = \sqrt{\frac{2GM}{R}} \tag{4.5}$$

であるので，約 190 km/s 以上の速さで互いに遠ざかっているのであれば，その後ぶつかることはない[*8]。これに対し，ハッブルの法則による後退速度を V_H とすると，式 (2.2) より，

$$V_H = HR \tag{4.6}$$

ということになるが，$H \approx 67.15$ km/s/Mpc 程度なので，後退速度はたかだか 50 km/s しかない。すなわち，重力による引っぱり合いの効果が，宇宙の膨張による引き離しの効果より大きい。事実，アンドロメダ銀河はわれわれの銀河に対して 122 km/s で近づいており，あと 30 億年程度で衝突するとみられている。衝突といっても，星同士がぶつかることはまずない。互いの銀河の形を変形させながら何度か素通りし，そのうちに 1 つの大きな銀河になるだろう。宇宙を見渡すと，いままさに合体中というい びつな形の銀河も複数見つかっている。

　話は少しさかのぼるが，たとえば地球の場合を考えると，式 (4.5) から求められる脱出速度は 11.2 km/s であるのに対し，式 (4.6) からハッブルの法則による後退速度を計算すると 1.39×10^{-11} m/s というとてつもなく小さな値になる。この速度は水素原子（ボーア半径 × 2）を横断するのに 8 秒くらいかかる。脱出速度 V_e と天体の大きさとの関係を考えると，天体の平均密度を ρ とするなら式 (4.5) は，

$$V_e = \sqrt{\frac{8\pi G\rho}{3}} R \tag{4.7}$$

となり，密度一定の天体の場合は，脱出速度は半径に比例する。すなわち，ある天体が密度一定のまま大きさが 2 倍になると，式 (4.6) に従い宇宙の膨張による引き離しの効果も 2 倍になるが，同時に重力による引っぱり合いの効果も 2 倍になるので，天体がバラバラになるか否かは大きさでは変化せず，その密度に依存することになる。地球と銀河を比べると，地球の方が圧倒的に

[*8]　われわれの銀河とアンドロメダ銀河のように，互いに同程度の質量をもつ場合は，本来は質量の和を M としておく必要があり，これより大きくなる。また銀河は球形ではなく円盤状なので，この計算はあくまで概算と考えてもらいたい。

$V_e \gg V_H$ でありバラバラになりそうもないのは，地球の大きさが小さいからではなく，銀河の平均密度に比べ，地球の密度が圧倒的に大きいからだといえる。

　ここで「天体が宇宙膨張によってバラバラになるか否かの境目の密度 ρ_c」を考えると，脱出速度 V_e とハッブルの法則による後退速度 V_H が一致する密度であるから，

$$\rho_c = \frac{3H^2}{8\pi G} \approx 1.0 \times 10^{-29} \ [\mathrm{g/cm^3}] \tag{4.8}$$

と，第1項で示した式 (1.15) と同じになる。この密度 ρ_c は宇宙論では「臨界密度」とよばれる有名な密度であり，宇宙全体がこの密度以上ならば宇宙はいずれつぶれてしまう（ビッグクランチ）が，これより小さいなら永遠に膨張を続ける（ビッグリップ）という臨界を表している。宇宙の中にあるそれぞれの天体がバラバラになるか否かの境目は，宇宙全体が「開いている」か「閉じている」かの境目でもあると考えればわかりやすいだろう。さらに，余談の余談で恐縮だが，たとえば宇宙が閉じていて，いずれ膨張から収縮に転じるときがくると仮定しよう。その瞬間，宇宙は膨張も収縮もしていないから $H = 0$ となる。このときの宇宙の密度 $\rho_{c\,\mathrm{min}}$ は当然ゼロではなく，これを出すにはアインシュタイン方程式までさかのぼって解いていかねばならないのだが（式 (1.7) 参照），結論だけ述べると，

$$\rho_{c\,\mathrm{min}} = \frac{3c^2}{8\pi G a_{\mathrm{max}}^2} \tag{4.9}$$

となる。ここで，a は宇宙の大きさを表すスケール因子であり，a_{max} はその最大値（$H = 0$ の時点の宇宙の大きさ）を表している。この密度 $\rho_{c\,\mathrm{min}}$ は宇宙全体を "外側からみたとき" に宇宙全体がブラックホールにみえるか否かの臨界密度になる。すなわち，シュワルツシルト・ブラックホールの半径を r_g とし，質量を M，平均密度を ρ_g とするなら，

$$r_g = \frac{2GM}{c^2}, \quad M = \frac{4}{3}\pi r_g^3 \rho_g \quad \text{より,} \quad \rho_g = \frac{3c^2}{8\pi G r_g^2} \tag{4.10}$$

となり，$\rho_{c\,\mathrm{min}}$ と ρ_g の形式が同じになるのがわかる。つまり，宇宙が「閉じている」場合，われわれはブラックホールの中に住んでいるのと等価であり，

表 4.1　天体と密度の関係。天体の規模が大きいほど平均密度は小さくなる傾向にある。

天　体	密　度 $[g/cm^3]$
地　球	5.51
太　陽	1.41
太 陽 系	1.41×10^{-19}
銀 河 系	7.31×10^{-25}
宇　宙	$\sim 1.0 \times 10^{-29}$

その半径がまさに "事象の地平線の大きさ" に相当するわけである。余談が過ぎたので，話を宇宙全体から個々の天体に戻そう。

さて，たいていの場合，岩石惑星から恒星，太陽系そして銀河と，天体の規模が大きくなるほど，その外周からの脱出は容易になる。式 (4.5) を考えれば，天体の半径が大きくなるのに比例して天体の全質量も大きくなれば脱出速度は変化しないことになるが，天体の大きさが大きくなればなるほど，その内部はスカスカな構造になり，密度が小さくなるのがつねだからである（表 4.1）。

大きさが太陽系[*9]以上の "天体" の場合，質量の大部分は恒星に集まっており，大部分は宇宙空間そのものであるので，密度としては途端に小さくなる。そして，宇宙全体の密度は臨界密度 ρ_c とほぼ同じだ。われわれの銀河系とアンドロメダ銀河は離れるどころか，互いに引き寄せられていることはすでに示したとおりだが，それ以上の規模の天体の場合はどうだろうか？　宇宙全体の密度がほぼ臨界密度であるのに，銀河系はそれより 4 桁も密集しているわけであるから，逆に "まったく何もないスカスカな場所" がなければつり合わない。そのスカスカな場所（ボイドとよばれている）を挟んだ天体同士ならば，互いの重力の効果より宇宙の膨張の効果の方が卓越するはずである。

われわれの銀河を含む周辺の銀河は局部銀河群とよばれ，数百万光年の大きさの中に大小およそ 50 個ほどの銀河を含んでいる。このレベルでも，銀河同士の引き合う力の方が卓越している。……というか，この銀河群の "ボス" こそがアンドロメダ銀河であり，ほかの銀河の多くがここに吸い寄せられる構造になっている。銀河群のさらに上のレベルの集団は銀河団とよばれ

[*9]　太陽系の大きさは，太陽の重力の影響がほかの天体の影響より大きいとされる 10 万天文単位として計算した。

る。われわれが所属する局部銀河群にもっとも近い銀河団はおとめ座銀河団で，5000〜7000万光年程度離れている。これらを含めたさらに大きなくくりとして超銀河団というレベルがあり，われわれの銀河が属している局部超銀河団（おとめ座超銀河団）の直径は約2億光年に及ぶ。この大きさになると，やっと宇宙の膨張効果が卓越し，超銀河団同士は互いに離れていることが観測によってわかっている。そして，ここまで規模が大きくなると，超銀河団自身の重力が，宇宙の膨張そのものを鈍らせる影響を与える。すなわち，超銀河団は，膨張する風船の上に描かれた単なる絵ではなく，風船の上に置かれたおもりのように，存在そのものが宇宙の局所的な膨張の速度を左右する存在となっている。今後時間がたつにつれて，それぞれの超銀河団は互いに離れ離れになって孤立し，隙間のボイドはどんどん広がることになるだろう。

　なお，宇宙初期のインフレーション期では，宇宙の膨張速度が何ものにも増して卓越しており，すべてのものが一気に引き離された時期である。いまみえている宇宙は，一度は互いに混ざり合っていたものが，いったん引き離されて互いにみえなくなり，その後時間をかけて再びみえるようになってきたものである。また，近年になって，宇宙の膨張速度が加速している（第2のインフレーション[10]）という観測もあり，局所的な話としても，宇宙全体の話としても，「この距離以上ならば，宇宙の膨張の効果が，重力の効果に対して卓越する」と述べることは困難になっている。もしかすると，遠い将来には，われわれの属する局部銀河群以外は宇宙の地平線の外に再び出ていってしまい，観測可能な銀河の数がごくわずかになってしまうという少々寂しい世界になるかもしれない。

---

[10]　前述のアンドロメダ銀河の衝突までの時間は，第2のインフレーションの効果を加味していないので，衝突までの時間は実際にはさらに延びる。また，おとめ座銀河団はこの効果があるかないかで，われわれの銀河と合体するか離れていくかが分かれる。

宇宙の大きさは138億光年か？

【正しい間違い5】
宇宙の大きさは現在 138 億光年程度である

　宇宙の大きさが 138 億光年だという主張の多くは，宇宙の年齢が 138 億年であるから，最大でも 138 億光年先までしかみえない，あるいは，それ以上広がりようがないというものだ。「みえない」と「広がりようがない」は，一見するとどちらも同じ主張にみえるが，前者は観測可能な宇宙のことを述べており，後者は宇宙全体の大きさのことを述べている。

　まずは，138 億光年先までしか「みえない」という主張について考えてみよう。たとえば，宇宙が無限に大きく，膨張も収縮もしていないと仮定する。宇宙が生まれた時期については太古の昔から諸説あるが，アリストテレス（Aristotelēs）が考えたように，宇宙が無限の過去から存在していると仮定すると，少々困ったことになる。夜空の星々によって宇宙全体が無限に明るくなってしまうのである（オルバースのパラドックス）。宇宙にある星々が密度 ρ で均等に配置されているとするなら，地球から距離 r 離れた場所の厚さ dr の球殻内にある星の数 dm は，

$$dm = 4\pi r^2 \rho dr \tag{5.1}$$

で表される。光を発する個々の恒星の明るさはまちまちだが，とりあえず平均光度 L で表すとすれば，1 つの恒星から地球に到達する光の強さ（輝度）b は，

$$b - \frac{L}{4\pi r^2} \tag{5.2}$$

となる。地球が星々から受けるすべての光の総和は，宇宙の大きさが無限ならば，この輝度 b を距離ゼロから無限遠まで積分しなければならず，

$$\int_0^\infty b\mathrm{d}m = \int_0^\infty \frac{L}{4\pi r^2} 4\pi r^2 \rho \mathrm{d}r = L\rho \int_0^\infty \mathrm{d}r = \infty \tag{5.3}$$

と，宇宙全体がまばゆい光で覆われていることになる。式 (5.1) と式 (5.2) を
みた段階でわかることだが，球殻の半径が 2 倍になると，そこに含まれる星
の数は 4 倍になり，逆に一つひとつの恒星からの輝度は 1/4 になってしまう
ので，あらゆる距離の球殻からやってくる光はすべて同じ光量となる。距離
が有限なら地球に届く光量も有限だが，無限に広い宇宙ではその量も無限大
に発散してしまう。このパラドックスの解決には，宇宙の大きさが有限であ
るという方法もアリだが[*1]，宇宙の年齢が有限だという解決法であってもよ
い。光速度が有限であるがゆえに，はるか遠くの恒星の光が "まだ届いてい
ない" という状況があり得るからだ。宇宙の大きさが無限大で，夜空に無限
の星々があったとしても，宇宙の年齢が 138 億年であるならば，観測可能な
宇宙は半径 138 億光年の球体で間違いない。1 光年向こうの星からやってく
る光は，1 年前の光であり，138 億光年向こうからの光は 138 億年かかって
地球に届く。遠くをみることは過去をみることであり，138 億年より前の過
去がないのであれば，138 億光年よりも向こうからの光は届いていないので
まだみることができない。ただし，宇宙の大きさが無限であれば，時間がた
てばもっと先までみえるようになるだろう。式 (5.3) の積分範囲が 138 億年
から広がっていくに従い，時間がたてばたつほど宇宙全体が明るくなってい
き，無限の時間後には無限の明るさになる。

では，現在知られている宇宙のように，宇宙が有限であり，かつ，膨張して
いる場合，無限の宇宙の場合と同様に時間がたてばさらに先までみえるよう
になるのだろうか？ いい換えれば，「観測可能な宇宙」が今後どんどんと広
がっていくのかということだが，これは宇宙の膨張の仕方しだいであり，必
ずしも広がっていくとは限らない。逆に縮んでいくことすら考えられる[*2]。

[*1]　あるいは宇宙自身は無限でも，地球から距離が離れるほど星の数が少なくなるという状態でも
よいが，その場合，重力により星々が "中心" に向けて落ちてしまうという懸念がある。ニュート
ンはこのパラドックスに気づいていたようだ。

[*2]　宇宙が平たん（曲率がゼロ）な場合は，観測可能な宇宙の大きさは時間に比例して大きくなる
ので，1 年で 1 光年ずつ大きくなるとしてよい。ただ，この関係を宇宙初期や遠い未来に当ては
めるのならば，この関係が導出された条件を改めて顧みなければならない。

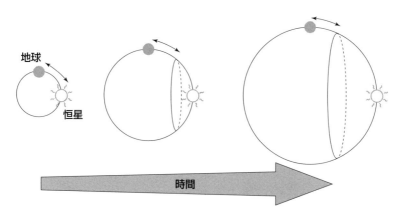

図 5.1　宇宙の膨張と恒星からの光。恒星から発せられた光は着実に地球へと進むが，宇宙の膨張があると，恒星–地球間がどんどんと伸びてしまい，いつまでたっても光が地球に届かない場合もあり得る。

　ここで，地球からみて 138 億光年向こうの宇宙を，風船のアナロジーで説明してみよう。地球から 138 億光年離れた場所に "いま" 恒星が誕生し，その光が宇宙全体に広がり始めたとする。光は水面にできた波紋のように同心円状に広がり，同時に宇宙自身も膨張していく。光の輪がどんどんと大きくなるのは間違いないが，宇宙も膨張しているので，光は地球に対してその距離を縮めることができない（図 5.1）。これが，光速度で後退する "宇宙の果て" の姿である[*3]。宇宙の果てに何か特別なものがあるわけではなく，光の広がりと宇宙の膨張とが拮抗している場所とでもいえるだろうか？　この光が，今後地球に届くか否かは，宇宙の膨張速度しだいといってよい。膨張が緩やかになればそのうち届くであろうし，逆に加速すれば距離は離れていく。また，少なくともこの光の輪より向こう側からの光はいまだ届いていないのであるから，観測可能な宇宙の大きさと宇宙全体の大きさとは一致しておらず，観測可能な宇宙は宇宙全体のごく一部にすぎないということが図からもわかるだろう。宇宙の膨張がこのまま進む限り，その大きさの差は開く一方

[*3]　厳密にいえば，この図にはうそがある。138 億光年先が "宇宙の果て" なのはいまだけであって，過去はもっと狭かった。後述するが，地球と光の距離は，最初はどんどん開いたのち，いまになりようやく止まったのである。

である。

　では次に，宇宙の年齢が 138 億年であるから，138 億光年以上「広がりようがない」という主張について考えてみよう。もっとも多いと思われるのは，宇宙の膨張速度は光速度を超えないという間違った解釈に基づく主張である。これについては第 2 項ですでに述べているので，詳しくは説明しないが，宇宙の膨張速度が光速度以下でなければならないという制限は存在しない。たとえば，風船を指ではじいた場合，その振動は津波のように表面を伝わっていくことになるが，その伝搬速度と，風船を膨らませる速度の間には何の関係もないことはおわかりだと思う[*4]。そもそも，インフレーション理論では，現在観測可能な範囲の宇宙は宇宙発生直後はすべて混じり合った状態にあり，それらが指数関数的な膨張を起こしたとされている。このさい，膨張速度が光速度以下だと，"量子ゆらぎ" が宇宙全体に拡大されることはなく，宇宙全体に銀河や銀河団の種がまかれることもなかったといえるだろう。

　では，138 億光年という数字は何の意味もないのかというと，そういうわけでもない。138 億年より昔はないのだから，もっとも古いとされる宇宙マイクロ波背景放射（CMB）は，たしかに 138 億光年の距離をひたすら走り，いまようやく地球までやってきたのである。正確にいえば，光が宇宙空間を自由に行き来できるようになったのは，いわゆる "宇宙の晴れ上がり" 後だから，宇宙誕生時よりわずかに後[*5]のことになる。ここで注意が必要なのは，光の走行した距離（光行距離）が 138 億光年だとしても，光源となる天体から地球までの現在の距離（固有距離）を 138 億光年としてはならないという点だ。理由はすでに述べたように，138 億年の間に，測るべき天体–地球間の距離が伸びてしまっているからだ。よって，光源となる天体から地球までの距離は，"どの時刻における距離" なのかを明確にしておかなければならない。具体的には，天体から光を放射した時点の天体–地球間の距離 S_{start} なのか，

[*4]　もっとも，本物の風船ならば，大きさによって張力が異なるので，2 つの速度は完全に無関係というわけではない。そういう意味では，シャボン玉のアナロジーの方がよいかもしれない。

[*5]　宇宙の晴れ上がりは，宇宙誕生からわずか 38 万年後であるから，138 億年に比べれば誤差の範囲内である。また，光ではなく，ニュートリノや重力波であれば，もっと昔から自由に移動できるようになっていたと考えられるので，重力波望遠鏡を利用すれば，さらに宇宙誕生に近い情報が得られることになる。

はたまた，地球に光が届いたいま現在の天体–地球間の距離 S_{now} なのかということである。

　この計算を行うには，宇宙の膨張速度を宇宙年齢の関数として求める必要がある。そのためには，宇宙に含まれている物質の密度，放射の密度，宇宙定数などを正確に測定し，宇宙の膨張を表すフリードマン方程式に放り込んでやらなければならない。ここは単純に考えて，宇宙にある物質を 2 種類に分類し，宇宙を収縮させる方向に働きかけるあらゆる物質の混合密度比（密度パラメーター）を Ω_{m} とし，逆に宇宙を膨張させる方向に働く宇宙定数を Ω_{Λ} とする。ここで，

$$\Omega_{\text{m}} + \Omega_{\Lambda} = 1 \tag{5.4}$$

である[*6]。ちなみに，密度パラメーター Ω_{m} を生み出す物質として，星や銀河，星間物質を思い浮かべるかもしれないが，これら "われわれが観測できる" 物質のみでは銀河の回転速度などを説明するための質量がまったく足りず，その多くは暗黒物質（ダークマター）とよばれる未知の物質が担っている[*7]。宇宙定数 Ω_{Λ} の方も，現代風にいうと，"ダークエネルギー密度パラメーター" という未知のものになり，この宇宙はダークマター vs. ダークエネルギーという得体の知れないもの同士のせめぎ合いである。

　さて，この 2 つのパラメーターを用いて，S_{start} と S_{now} を書き下すと以下のとおり。

$$S_{\text{start}} = \frac{R_{\text{H}}}{1+z} \int_0^z \frac{\mathrm{d}z'}{\sqrt{(1+z')^3 \Omega_{\text{m}} + \Omega_{\Lambda}}} \tag{5.5}$$

$$S_{\text{now}} = R_{\text{H}} \int_0^z \frac{\mathrm{d}z'}{\sqrt{(1+z')^3 \Omega_{\text{m}} + \Omega_{\Lambda}}} \tag{5.6}$$

ここで，宇宙定数 $\Omega_{\Lambda} = 0$ と仮定[*8]すると，式 (5.4) より $\Omega_{\text{m}} = 1$ だから，

[*6]　というか，そうなるように無次元化したパラメーターを使って計算します……という宣言である。

[*7]　われわれが観測できる物質（バリオン）の密度パラメーター内に占める割合は 17％程度とみられており，残りがダークマターとされるが，観測技術の進歩によってこの比率は大きく変わる可能性もある。

[*8]　現代においてこの仮定は古めかしいが，概要の説明にはこれで十分である。

$$S_{\text{start}} = \frac{2R_{\text{H}}}{1+z} \left(1 - \frac{1}{\sqrt{1+z}} \right) \tag{5.7}$$

$$S_{\text{now}} = 2R_{\text{H}} \left(1 - \frac{1}{\sqrt{1+z}} \right) \tag{5.8}$$

という結果が出てくる。R_{H} は式 (2.4) で示されたハッブル距離で，ハッブル定数を $67.15\,\text{km/s/Mpc}$ とすれば 146 億光年程度である。z は赤方偏移で，光源となる天体からの本来の光（波長 λ_{org} とする）が，天体までの距離に比例した後退速度によって波長 λ_{obs} と観測された場合に，

$$z = \frac{\lambda_{\text{obs}} - \lambda_{\text{org}}}{\lambda_{\text{org}}} \tag{5.9}$$

とで定義される量である。当然ながら，天体までの距離がゼロならば，$\lambda_{\text{obs}} = \lambda_{\text{org}}$ であり $z = 0$ だが，観測可能な宇宙ギリギリからの光はどんどんと伸ばされるから z も大きくなり，"宇宙の果て" の極限では $\lambda_{\text{obs}} \to \infty$ なので $z \to \infty$ となる。現在，もっとも遠くにある天体として知られている銀河の赤方偏移は約 $z = 11.9$ だが，観測される光の中でもっとも遠方からやってきている CMB は桁違いに大きく，$z \approx 1000$ である。「黒体放射のピーク波長は温度に反比例する」というのがウィーンの変位則であるから，ビッグバン直後の $3000\,\text{K}$ の黒体放射光が $3\,\text{K}$ まで冷えたなら，波長は逆に千倍に伸びているという理屈だ。

　ここで，式 (5.7) と式 (5.8) をみてみると，$z = 0$ のときの距離がともにゼロになるのは当然として，$z \to \infty$ にすると，$S_{\text{start}} = 0$ なのに対し，$S_{\text{now}} = 2R_{\text{H}}$ ……すなわち，292 億光年となり，大きな差になるのがわかるだろう。z が大きいということは，宇宙が誕生して間もないときに飛び出した光であるから，宇宙そのものが非常に小さく，$S_{\text{start}} = 0$ という極限が出てくる。極端な話をするならば，当初数 cm だけ離れていた空間を光が移動するのに数十億年かかるということもあり得る[*9]。宇宙の初期ではごく近傍の 2 点間を進む光速度より，その 2 点間が膨張する速度の方が速いのであるから，高速で動いているベルトコンベアーの上を流れに逆らって走るかのごとく，進めど進めど前

[*9]　もっとも，これら関係式にはインフレーション的膨張の効果などは入っていないので，数 cm 程度までさかのぼるのは無理がある。

に行けず後退する。また，S_now の方は，光源となった天体までの "いま現在の距離" を示しているのであるから，はるかかなたにまで後退している。高速のベルトコンベアー上に置き去りにされている荷物と同じだ[*10]。その距離はしだいに増加し，やがて観測可能な宇宙の外へ飛び出して，光速度の数倍で後退していく。

　さて，天体のいま現在の距離 S_now は赤方偏移 z が大きい天体ほど距離も遠いという当たり前のことを表しているが，天体が光を放射したときの距離 S_start の方はそうとは限らない。$z = 0$ のときも $z \to \infty$ のときも $S_\text{start} = 0$ なのであるから，途中に距離が最大となる S_max がある。すなわち，

$$\frac{\mathrm{d}S_\text{start}}{\mathrm{d}z} = \frac{3 - 2\sqrt{1+z}}{2(1+z)^2\sqrt{1+z}} = 0 \quad \text{より，}$$

$$S_\text{max} = S_\text{start}\left(z = \frac{5}{4}\right) = \frac{8}{27}R_\text{H} \tag{5.10}$$

である。S_max はおよそ 43 億光年程度[*11]になるので，宇宙が 43 億光年以上広がった "後" の天体からの光はまだ届いていないことになる。また，S_max 以外の距離から発せられた天体については，式 (5.7) から考えて，解が 2 つあることがわかる。要するに，光を放射した時点での天体–地球間の距離は同じなのに，現在の位置は大きく異なる 2 つの天体が存在するということだ（図 5.2）。

　たとえば，光を放射したときの距離が $0.25R_\text{H}$ となる天体（実際の距離は 37 億光年程度）は，$z \approx 0.5$ と $z = 3$ の 2 か所にあり，現在の位置は，54 億光年と 146 億光年に大きく分かれている（図 5.3）。前者の天体 A から放射された光は，宇宙の膨張にはばまれながらも徐々に地球に近づいた光である。後者の天体 B の場合，天体が生まれたときには宇宙がまだ若く，その膨張速度が光速度より速かったため，"その当時の" 宇宙の果ての向こう側にあった。よって，放射された光は，地球に向けて進んでいるにもかかわらず，最初は後退していく。やがて，宇宙の膨張速度の減速により光はようやく前進を始め，

[*10]　実際のベルトコンベアーはどこも定速だが，宇宙の場合は膨張速度の時間変化とともに場所ごとで変わる。

[*11]　現在から百億年前と思っていれば，当たらずとも遠からずである。

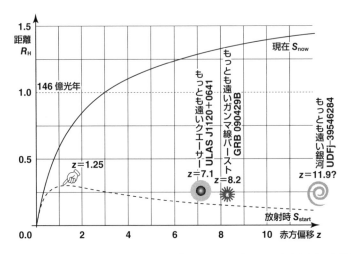

図 **5.2**　遠方にある天体の誕生時の距離と現在の距離。天体からの光を観測した場合，その光が放射された時点の天体までの距離 S_{start} といま現在の距離 S_{now} は，天体が遠方にあればあるほど剥離していく。また，放射時の距離 S_{start} は，$z = 1.25$ で最大値となる。

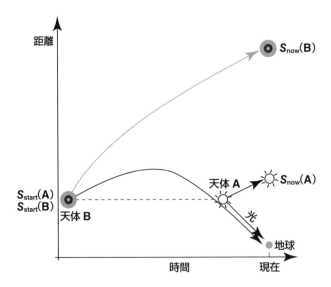

図 **5.3**　同距離で誕生した 2 つの天体 A と B。天体 A は最近生まれた天体であり，その光は順調に地球へと届く。一方，天体 B は宇宙初期に生まれ，発せられた光は一度離れていくが，その後近づく方向へ進んで長い時間をかけて地球へと届く。

長い道のりを経て地球まで届く。すなわち，天体 B からの光は，一度後退してから前進しているため，その分，到着するまでに時間がかかるのである。

　要するに，普通に考えれば，遠くの天体から届いた光ほど，遠く離れた場所から出発したと考えるのが妥当なのだが，宇宙の膨張……すなわち，過去にさかのぼるほど宇宙が小さかったことを考えれば，ある距離（$S_{max} \approx 43$ 億光年）を境にしてそれより向こうは，遠くの天体から届いた光ほど，じつは地球に近い場所から放射されたものだったということになるのだ。天文学には「遠くをみることは過去をみること」という言葉があり，数十億光年以内ならばそのまま使えるが，もっと "遠く" の天体を議論する場合には，距離の定義をしっかりしてからでなければ混乱することになる。

　さて，ここまでの考察は，宇宙空間には宇宙を収縮させる役目の物質（その多くはダークマターだが）しかないという前提で，密度パラメーター $\Omega_m = 1$，宇宙定数 $\Omega_\Lambda = 0$ の場合の考察を中心に行ってきた。1990 年くらいまでならば，まあこの程度の考察で終わりだったのだが，その後の宇宙観測技術の進歩はめざましく，より定量的な議論・検証が可能になってきている。現在，もっとも確からしいとされる値は，

$$\Omega_m = 0.27 \quad \text{および} \quad \Omega_\Lambda = 0.73 \tag{5.11}$$

である。この定数を式 (5.5) と式 (5.6) に入れると，$z \to \infty$ の極限で $S_{now} = 3.24 R_H$（473 億光年程度），S_{start} の最大値 S_{max} は $0.41 R_H$（60 億光年程度）で，$z = 1.6$ のときとなる。物質のみの場合のときの $S_{now} = 2 R_H$（292 億光年程度）と比べてかなり大きくなっているのがわかるが，その原因は，宇宙定数が加味されて，宇宙の膨張速度が上がったことが大きい。「宇宙は現在，加速的に膨らんでいる」という知見が，ここ 20 年ほどの観測でわかったのである。

　そろそろ，話をまとめてみよう。宇宙の年齢が 138 億年であるので「もっとも遠くからきた光の移動距離は？」といわれれば，138 億年で正しい。しかし，その光源までの距離は，宇宙の膨張に合わせてどんどんと離れているので，現在は 473 億光年程度離れていることになる。また，光を発した時点

では，宇宙が極小であったため，当時の天体–地球[*12]間の距離はほんの数 cm だったかもしれず，放射された光はいったんは急激に後退し，その後前進に転じて 138 億年かけて届いたものである……という感じであろうか？

　ちなみに，473 億光年というのは，現段階で観測可能な宇宙の情報から導かれたものであるから，あくまでも下限である。観測はできていないけれども，宇宙初期からずっと超光速で後退し続けている天体が遠くまで広がっている可能性は否定できない……というか，いま現在の観測で得られる下限ぴったりの大きさの宇宙が存在していると考える方がトンデモなく不自然である。さらには，ここまでの話の中に，インフレーション時の膨張の話は入っていない。

　最後に，少し（かなり？）話がずれてしまうのだが，「宇宙の年齢 138 億年」という数値に関しては，別の誤解もあるので紹介しておく。その昔……といっても，2013 年以前の話なので，大昔ではないのだが，「宇宙の年齢は 137 億年」といわれていた。いまでも宇宙関係の本を手にとると，あちこちに「137 億年」の表記が残っているはずである。宇宙の年齢が変更されたのは，CMB を観測するために打ち上げられたプランク衛星などによる精密な観測の成果であり，ハッブル定数が $67.15 \pm 1.2\,\mathrm{km/s/Mpc}$ と変更されたのもそのときだ。それ以前，2000 年代のハッブル定数は，これより少し大きな $72 \pm 8\,\mathrm{km/s/Mpc}$ が使われていたのだが，そこから求められるハッブル時間 $1/H$ は 138 億年となる。これが，宇宙の年齢の 137 億年と近かったこともあり，「ハッブル時間＝宇宙の年齢」という誤解もあったようだ。ハッブル時間と実際の宇宙の年齢は，宇宙の膨張速度が変化しないという条件下ではたしかに同じになる。要するに，ハッブル定数が宇宙創世時から現在に至るまでずっと "定数" であり続けた場合であるが，これは現実的ではない。宇宙の膨張を記述するフリードマン方程式は，物質が存在することによる膨張速度の減少と宇宙項による加速が組み合わされた形になっており，宇宙自身の大きさで膨張速度は刻々と変わる。一瞬たりとも "等速度" で膨張する期間はな

[*12]　もちろん，この段階で地球は影も形もない。やがてそこに地球が生まれる場所ということである。

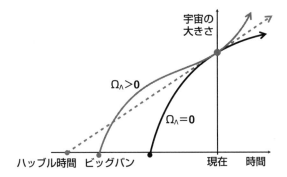

図 **5.4**　条件の違いによる宇宙の年齢の差。宇宙が過去にどのような膨張をしたかによって宇宙の年齢は変わる。膨張速度一定と仮定するとハッブル時間になるが，膨張・収縮速度は，密度パラメータ Ω_m や宇宙定数 Ω_Λ により時々刻々変化する。

いのである。たとえば，1998 年より前は，現在の宇宙が加速膨張中であるという認識がなかった[*13]ので，宇宙は減速しつつ膨張しているという論が主流であった。この場合，過去の膨張速度は現在よりも大きく，宇宙誕生の時期はハッブル時間より若いことになる。当時の宇宙の年齢が 137 億年と，ハッブル時間より 1 億年若かったのも，誤解を生む原因の一端になっているかもしれない（図 5.4）。

　さて，2013 年以降，ハッブル定数の変更によりハッブル時間は 146 億年，宇宙の年齢 138 億年と差が開いてしまったが，ひと昔前（2000 年代）のハッブル定数を用いたハッブル時間と，現在のハッブル定数などを用いて計算した宇宙の年齢は，ほぼ一致してしまっている。これはもう完全に「偶然」といってよい。ハッブル時間のように「たんに直線に伸ばしたグラフ」と，「減速膨張と加速膨張の逆 S 字曲線で表されるグラフ」の最初と最後が偶然にも合ってしまっただけの話である。だが，宇宙論の本は新旧入り混じっており，また，ネット上でもいろいろな時代の数値が利用されている。さらに近年は，CMB を利用した手法だけでなく，赤色巨星やケフェイド変光星，重力レンズを利用した手法[4]など，さまざまな方法でハッブル定数の導出がなされてお

[*13]　宇宙が現在，加速膨張していることは，パールムッター（S. Perlmutter），シュミット（B. P. Schmidt），リース（A. G. Riess）による超新星爆発の観測から発見された。同発見により 3 氏は 2011 年のノーベル物理学賞を受賞している。

り，それぞれから求められた値はおよそ67〜76 km/s/Mpc くらいの開きがある。そして，そのどれかが正解なのではなく，"どれもが正解" の可能性がある。いま一度図 5.4 をみていただければわかるが，ハッブル定数は宇宙の大きさを表すグラフの傾きを示し，その傾きは時代によって変わる。先に述べたように，宇宙の遠くをみることは過去をみることにほかならないので，どの時代を代表しているかによって値も変化するのだ。

　宇宙の年齢そして宇宙の大きさについては，今後もしばらくは混乱が続くかもしれない。

参考文献

1) 石坂千春：「"宇宙の果て" が 137 億光年でない理由」，大阪市立科学館研究報告 20, 61 (2010).

2) 須藤靖：「宇宙定数」，2002 年度埼玉大学集中講義，http://www-utap.phys.s.u-tokyo.ac.jp/˜suto/myresearch/lambda02.pdf（2002）.

3) 高梨直紘，小阪淳，縣秀彦：「一家に 1 枚宇宙図 2013」，天文月報 107(2), 115 (2014).

4) Monthly Notices of the Royal Astronomical Society, Volume 490, Issue 2, December 2019, Pages 1743–1773.

ブラックホールで光は止まるか？

【正しい間違い 6】
ブラックホールの事象の地平面で光が止まるのは，光速度一定とした相対論に反する

多くの人がブラックホールに抱くイメージは，何でも吸い込み，光さえ出てこられない星というものであろう。地球や太陽など，いわば普通の星々も，その重力でわずかに光を曲げることはできるが[*1]，2 度と脱出できなくなるような境目となる面（事象の地平面）は存在しない。ブラックホールが "ブラック" であるのは，まさに事象の地平面が存在するという 1 点に集約できる……いや，1 点に集約できずに大きさをもった球体になるというところがブラックホールらしい部分かもしれない。

ではまず，見慣れたニュートン力学の場合を考えてみよう。ニュートン力学の範疇でも，光が質量をもった普通の物質であると仮定すれば，その光が星の表面から "脱出できない" 状態を考えることが可能である。

ニュートン力学では星の中心からの距離 r における重力ポテンシャル ψ_N は，G を万有引力定数，星の質量と半径をそれぞれ M，R とすると，

$$\psi_N = -\frac{GM}{r} \tag{6.1}$$

で表される（ただし，$r \geqq R$）。$r \to 0$ とすればポテンシャルは $\psi_N \to -\infty$ と

[*1] ちなみに，星によって光が曲げられる効果は 1801 年にゾルトナー（J. G. v. Soldner）によって示されており，太陽によって曲げられる角度は 0.84 秒で，アインシュタインの一般相対論による帰結のちょうど半分であった。もちろん，当時は相対論などなかったので，ニュートン力学による計算である。

なるが, 現実の星には大きさがあるので, 式 (6.1) は $r \geqq R$ の範囲でのみ成り立つ. 星の内部にまで入り込めば $r = 0$ まで考えることは可能だが, 星の密度が場所によらず一定と仮定すれば[*2], その内部の重力ポテンシャル ψ_N^{in} は,

$$\psi_N^{\mathrm{in}} = -\frac{GM}{2R^3}(3R^2 - r^2) \tag{6.2}$$

となる (ただし, $r \leqq R$). すなわち, $r \to 0$ としても $\psi_N^{\mathrm{in}} \to -3GM/2R$ という有限な値になるだけである. 仮に, 星が重力崩壊を起こし, その全質量が中心の 1 点に集中してしまったならば, $R \to 0$ と仮定すればよい. この場合は式 (6.2) の出番はなくなる. このとき, 中心から距離 r の地点にて質量 m の物体を初速 v で投げ上げた場合, 物体が無限遠に脱出できなくなる条件は, 式 (6.1) から

$$\frac{1}{2}mv^2 = \frac{GMm}{r} \quad \text{より,} \ r \ \text{が} \ r = \frac{2GM}{v^2} \tag{6.3}$$

のときである. ちなみに, この速度 v は脱出速度 (第 2 宇宙速度) とよばれる速度で, 地球の表面からの脱出速度は 11.2 km/s である.

ここで, 式 (6.3) の v を光速度 c に置き換えれば, その距離こそ光が脱出できない距離ということになろう. この距離を r_g とすれば,

$$r_g = \frac{2GM}{c^2} \tag{6.4}$$

になる. ただし, この位置から光速度で投げ上げた物体は "無限遠" には到達しないが, r_g の外側に飛び出すことはできる. ではさらに, 「r_g の外側に光が飛び出せない距離」というものを考えてみよう. この距離は r_g の半分 $r_g/2$ になるのだが, そこから上空に飛び出した光は, r_g まで昇ったところで上昇速度ゼロとなり, 再び地上に落ちていくことになる. くり返しになるが, 本当の光はこのような運動はしない. あくまでも光を, "質量をもった普通の物体" として考えた場合の考察である. この設定がどうしても気持ち悪いと感じるならば, ほぼ光速で打ち上げられた普通の物体で論じているのだと考え

[*2] 余談であるが, 実際の星は, 内部に行くほど密度の大きい物質が詰まっているのが普通である. 地球を中心まで掘っていくと, その場の重力は鉄でできたとされる外核までほとんど変化しないか若干上がり気味で, そこからほぼ直線状に落ちていくだろう.

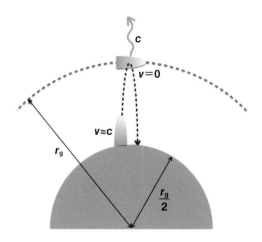

図 6.1　ニュートン力学でのブラックホール。ニュートン力学の範疇でも，ほぼ光速で投げ上げた物体が，ある一定の距離より外に出て行かない設定は可能。ただし，多段ロケットのように中継ぎをすれば，外に脱出することが可能である。

てもさしつかえない。

　さて，このような設定の場合，r_g を「光さえ2度と脱出できない事象の地平面」として扱ってよいかというと，答えは否である。たとえば，ほぼ光速で打ち上げられた砲弾は，r_g のすぐ近傍まで打ち上がることになるが，r_g を超えて外に出ることはない。ただし，砲弾が上がり切ったその瞬間に上空に向けて砲弾から光を放てば，その光は難なく r_g を通過するだろう（図 6.1）。このような "多段ロケット方式" を考えると，中心に近いところから際限なく情報を外にもち出すことができるので，ニュートン力学による考察では，"事象の地平面" といわれるような場所は存在しないことになる。

　そもそも，地球からロケットを打ち上げる場合も，初速 11.2 km/s で発射し，その後加速しないような打ち上げ方はしない[*3]。ロケットに燃料を積み，その場の重力に打ち勝つ推力を発揮しながら上昇していく。そして，脱出速度に達するのに必要な燃料は "有限" で事足りる。いい方を換えれば，有限の

[*3]　19 世紀後半に書かれたジュール・ヴェルヌ（J. Verne）の『月世界旅行』はまさに砲弾で月に行く話であるが，現在のロケットは砲弾側ではなく，砲弾を連射できる大砲側に乗って宇宙を進むものと考えた方がよい。

エネルギーで距離 r_g の外に出ることができる。たとえば，重力ポテンシャルを表す式 (6.1) に式 (6.4) を代入すれば，

$$\psi_\mathrm{N} = -\frac{r_g c^2}{2r} \tag{6.5}$$

となることがわかるが，$r \to r_g$ としても，$\psi_\mathrm{N} \to -c^2/2$ という有限な値になるだけである。重力ポテンシャルが有限の値であるならば，有限のエネルギーで距離 r_g を往来できる。唯一特別なのは，星が中心の 1 点に集約されてしまったとき，すなわち，$r \to 0$ のときの $\psi_\mathrm{N} \to -\infty$ のみである。さすがに，この中心部に落ちてしまっては，そこから一歩たりとも移動することはできない。

　では続いて，一般相対論に基づいたブラックホールについて考えよう。数あるブラックホールの中でももっとも簡単な，球対象で回転も電荷ももたないブラックホールの時空（シュワルツシルト時空）を極座標 (ct, r, θ, ϕ) で表すと，

$$ds^2 = -\left(1 - \frac{r_g}{r}\right) c^2 dt^2 + \frac{dr^2}{1 - r_g/r} + r^2\left(d\theta^2 + \sin^2\theta d\phi^2\right) \tag{6.6}$$

となる。r_g はシュワルツシルト半径とよばれ，ブラックホールの質量を M とすれば，

$$r_g = \frac{2GM}{c^2} \tag{6.7}$$

で表される。何のことはない。ニュートン力学の範疇で計算した "光が無限遠に脱出できる限界距離" の式 (6.4) と同じである。ただし今度は，$r \to r_g$ とすると $(1 - r_g/r) \to 0$ となるため，この距離で "何か特異なことが起こる" ことに気づくはずだ。たとえば，ブラックホール外側の任意の場所に留まっている観測者を考えると，式 (6.6) において r, θ, ϕ すべて一定ということだから，その観測者の固有時間 τ は，

$$ds^2 = -\left(1 - \frac{r_g}{r}\right) c^2 dt^2 = -c^2 d\tau^2 \quad \text{より，} \quad \tau = \sqrt{1 - \frac{r_g}{r}}\, t \tag{6.8}$$

となる。$r \to r_g$ とすれば $\tau \to 0$ であるから，ブラックホールの表面，すなわち，事象の地平面で時間が止まってしまうことになる。逆に，$r \to \infty$ にもっ

ていけば $\tau = t$ となり，さらに式 (6.6) はたんなる極座標表記の平らな時空（ミンコフスキー時空）となる。反対にいえば t という時間は，ブラックホールから遠く離れた，重力の影響のない平らな時空上での時間のことだということができる。また，このブラックホールの重力ポテンシャル ψ_{GR} は，

$$\psi_{\mathrm{GR}} = c^2 \ln \sqrt{1 - \frac{r_g}{r}} \tag{6.9}$$

で表すことができる。$r \to r_g$ とすると $\psi_{\mathrm{GR}} \to -\infty$ だ。ニュートン力学で求めた $\psi_{\mathrm{N}} \to -c^2/2$ と異なり，こちらの重力ポテンシャルは距離 r_g で，無限の井戸底に真っ逆さまである。なお，式 (6.9) を変形してテイラー展開すると，

$$\psi_{\mathrm{GR}} = -\frac{c^2}{2}\left\{ \frac{r_g}{r - r_g} - \frac{1}{2}\left(\frac{r_g}{r - r_g}\right)^2 + \frac{1}{3}\left(\frac{r_g}{r - r_g}\right)^3 - \cdots \right\} \tag{6.10}$$

となるため，$r_g \ll r$ の条件を加えると，

$$\psi_{\mathrm{PN}} = -\frac{r_g c^2}{2(r - r_g)} \tag{6.11}$$

と近似することができる。この ψ_{PN} は "擬ニュートンポテンシャル" とよばれている[1]が，式 (6.5) で表される本物のニュートンポテンシャル ψ_{N} との違いは一目瞭然だ（図 6.2）。ブラックホールの "ホール" は文字どおり "穴" の意味である。穴を穴として認識するためには，目でみてわかる大きさが必要となる。大きさのない点状の穴では，それを穴として認識するのは難しいであろう。冒頭でも述べたとおり，このような特異な状態が，中心の 1 点に集約できずに，有限の大きさをもった球体になるところがブラックホールのブラックホールらしい部分ではないだろうか？

　さて，光に限らず，ブラックホールに落ちていく物体を外から眺めると，奇妙なことが起こる。事象の地平面ですべての物体の落下が止まり，表面に張りついていくようにみえるのである。

　式 (6.8) で示したように，r_g に近づくほど時間の流れが遅くなり，ついにはそこで時間が止まってしまうことを考えれば，r_g に近づくにつれてしだいに落下速度が減っていくことになるのは当然の帰結なのかもしれないが，そのような状況が奇妙であることには変わりがない。この奇妙な性質の星が初め

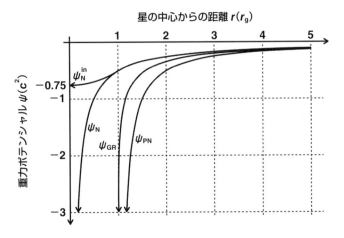

星の中心からの距離 $r(r_g)$

図 6.2 さまざまな重力ポテンシャル。横軸はシュワルツシルト半径 r_g を単位とした，星の中心からの距離。縦軸は c^2 を単位とした重力ポテンシャル。ψ_N はニュートン力学によるポテンシャルで，$r = 1$ で -0.5，$r = 0$ でマイナス無限大となる。ψ_N^{in} は星の半径が 1 の星内部のポテンシャル。ψ_{GR} はシュワルツシルト時空でのポテンシャル。ψ_{PN} はその 1 次近似で，ψ_N を横に平行移動したものになる。ψ_{GR} と ψ_{PN} はともにシュワルツシルト半径 ($r = 1$) でマイナス無限大。

てブラックホールと記述されたのは 1964 年のことである[*4]。それ以前は，崩壊星（collapsar）や凍結星（frozenstar）という名称が使われており，前者はブラックホールの生成過程に着目したもの，後者は時空の地平面で物体が凍結したようにみえることから登場した言葉だ。まあ，実際に目でみた人は誰もいないし，仮にみたとしても重力赤方偏移で落下物はすぐに "みえなくなる" ので，凍結している状態を目の当たりにすることは不可能に近い。よって，これらの概念は，理論的に研究されてきたものである。

　そもそも光速度一定というのは，重力場などのない慣性系での話として構築された特殊相対論の原理の 1 つである。逆にいえば，慣性系でない場所で，光速度が変化することは十分にあり得る。あり得るどころか，目の前を通過

[*4] ブラックホールという名称が最初に使われたのは，Science News Letter の "Black Holes" in Space という記事である（1964 年 1 月 18 日）。ただし，記事を書いたユーイング（Ann E. Ewing）記者は，この言葉を AAAS の会合で聞き，記事に使用したと述べており，言葉の真の発案者はわかっていない。物理学者のホイラー（J. A. Wheeler）がこの言葉を使い始めたのは 1967 年である。

した光の速度を測ったのではない限り，光速度は変化するものだと考えるのが一般相対論である[2]。光速度の変化は，時間の進み方の変化と 1 対 1 に対応する。光速度が半分となっている場所をみると，その場所での時計の進み方も半分になっているのである。時間の進み方の変化は式 (6.8) で与えられるのであるから，任意の距離 r での光速度を c_r とするなら，

$$c_r = \sqrt{1 - \frac{r_g}{r}}\, c \tag{6.12}$$

と，同じ形の式で表される。当然ながら，$r \to \infty$ とすれば，$c_r \to c$ となる。そして，事象の地平面で光が止まるというのは，$r \to r_g$ とした場合に，$c_r \to 0$ になってしまうということだ。地球や太陽の周辺にも重力場があるのだから，ブラックホール周辺ほどではないにせよ，厳密にいえば場所ごとに光速度も時計の進み方も違う。2 段ベッドに寝ている双子は，上に寝ている方が下で寝ている方よりも早く年をとる[*5]。日常生活では，これら時間の差は問題にならないが，天体の精密観測などに支障が出るため，地球表面での時刻を地球時，太陽の重心における時刻を太陽系座標時などとして区別している。

　　ここで，ブラックホールの中心から r_a 離れた場所を出発した光が，距離 r_b まで落下する時間 $t_{a \to b}$ を考えてみると，式 (6.6) において光の軌跡は $ds = 0$ で表され，ブラックホールへ一直線に落ちるのならば，$d\theta = 0$，$d\phi = 0$ であるので，

$$dr = \left(1 - \frac{r_g}{r}\right) c\, dt \ \ \text{より},$$
$$t_{a \to b} = \frac{1}{c} \int_{r_b}^{r_a} \frac{dr}{1 - r_g/r} = \frac{r_a - r_b}{c} + \frac{r_g}{c} \ln \frac{r_a - r_g}{r_b - r_g} \tag{6.13}$$

で表すことができる。慣性系の場合は，

$$t_{a \to b} = \frac{r_a - r_b}{c} \tag{6.14}$$

であるから，式 (6.13) の右辺第 2 項が，ブラックホールによる光速度の遅れ

[*5]　現在もっとも精度のよい「光格子時計」は，10^{-18} オーダーの時間差を測定することができる。これは地球上で 5 cm の高度差の時間のずれを検知できるレベルであるから，2 段ベッドの上下の時間差程度なら余裕で計測できるだろう（文献 3 参照）。

を表す項ということになる。当然ながら，事象の地平面から遠く離れた場所
（$r_a \gg r_g$ および $r_b \gg r_g$）では，この項はゼロに近づくし，事象の地平面周
辺（$r_a > r_b$ かつ $r_b \to r_g$）ならば無限大となってしまう。

　ただし，光さえ凍りついてみえるのは，この落下を"遠望"している観測者
に限られる。"近傍"の観測者からすれば，眼前を通過する光は，あくまで c
であって変化などしていない。もしも，眼前の光がノロノロになったり，逆
に早まったりということになるのであれば，大手を振って（？）光速度一定の
相対論は間違っているといってよいだろう。ところが，遠望している観測者
からみて光速度が半分になり，光の通過時間が 2 倍になったとしても，その
場所での時計も 2 倍の時間をかけて針が進むなら，結局のところ帳尻が合っ
てしまうのである。もちろん，遠望の観測者はその事実を近傍の観測者に伝
えることができる。だが，近傍の観測者は「そちらの時計は 2 倍早く回って
おり，さらに光速度も 2 倍になっている」と反論するだろう。双方が互いの
眼前の光速度を測定すると c であるのと同時に，違う場所の光速度は速く（遅
く），そして時計も早く（遅く）なっているのをみることになる[4]。

　遠望している観測者がブラックホール近傍で自由落下していく観測者をみ
るなら，彼らはそのうち事象の地平面に張りつき，同時に時計も止まるよう
に観測されることになるが，一緒に落ちていく観測者の目線で考えれば，事
象の地平面などどこにもなかったかのように，そこをスルリと通り抜けるこ
とができる。

　ブラックホールの中心より距離 r_a 離れた場所から速度ゼロで落下し始めた
物体を，距離 r_b まで観測した場合，この落下を r_a の位置に"留まって"みた
場合の経過時間を $t_{a \to b}$ とし，ともに"落下して"みた場合の経過時間を $\tau_{a \to b}$
として求めると，それぞれ，

$$t_{a \to b} = \frac{\sqrt{1 - r_g/r_a}}{c} \int_{r_b}^{r_a} \frac{\mathrm{d}r}{(1 - r_g/r)\sqrt{r_g/r - r_g/r_a}} \tag{6.15}$$

$$\tau_{a \to b} = \frac{1}{c} \int_{r_b}^{r_a} \frac{\mathrm{d}r}{\sqrt{r_g/r - r_g/r_a}} \tag{6.16}$$

となる[5]。式 (6.15) の積分内の分母には $(1 - r_g/r)$ があるため，$r_b \to r_g$ な
らば，経過時間はやはり無限大になってしまうのは明らかだ。これとは対照

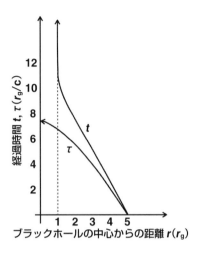

図 **6.3**　ブラックホールに落下する物体の軌跡。シュワルツシルト半径 r_g の 5 倍の距離から落下する物体を，落下開始地点でみた場合の経過時間を t，物体と一緒に落ちた観測者からみた場合の経過時間を τ とした。前者は r_g に限りなく近づいて止まるが，後者は有限時間内に中心まで落ちる。

的に，ともに落下していく観測者は事象の地平面を通り抜け，ブラックホールの中心まで突き進む。$r_a \gg r_g$ かつ $r_b = 0$ という条件を考えてやれば，

$$\tau_{a \to 0} \approx \frac{2r_a}{3c} \sqrt{\frac{r_a}{r_g}} \tag{6.17}$$

と，有限の時間で中心まで落下するのがわかる（図 6.3）。なお，r_b における物体の速度 v_b は，

$$v_b = \sqrt{1 - \frac{1 - r_g/r_b}{1 - r_g/r_a}}\, c \tag{6.18}$$

で与えられるが，ここで特徴的なのは，r_a が何であっても，$r_b \to r_g$ であった場合，すなわち，事象の地平面上では，$v_b = c$ となってしまうということだ。無限遠から落ちても，r_g の 1 cm 外側の場所から落ちたとしても，この場所での落下速度は光速度となる。反対に，この場所で唯一留まっていられるのはブラックホールから垂直に脱出しようとしている光のみということになる。重力のない慣性系では観測者は静止しており，その眼前を光が通過していたのだが，事象の地平面上では，観測者が光速度で落下しており，光が

静止しているという逆転現象が起きているといってもよいかもしれない。ただし，落下していく観測者はそのような変化は感じない。それどころか，いつ事象の地平面を通過したかもわからないであろう[*6]。落下中，眼前を通り過ぎる光の速度はつねに c であり，どのようなときでも変化することはないのである。

　さて，ブラックホールには "凍結星" という別名があるように，ブラックホールへ落下する観測者を外からみると，事象の地平面に張りつくようにみえる，と述べた。事実，式 (6.15) からも，$r_b \to r_g$ とすれば無限大の時間がかかるのであるが，それで「張りついたようにみえるか？」といわれると多くは間違いで，一瞬でみえなくなると思ってよい。

　$r_b \to r_g$ の条件を考えた場合，$r_g/r \to 1$ とみなしてよいので，式 (6.15) は式 (6.13) に近似される。観測者がどこから落ちても，r_g での落下速度は光速度になってしまうことを考えれば当然である。ここで，r_a から落下する観測者と r_g との間隔 Δr を落下時間 t で表すと，式 (6.13) より

$$\Delta r = r_b - r_g = C \exp\left(-\frac{c}{r_g}t\right) \quad ただし，\quad C = (r_a - r_g)\exp\left(\frac{r_a - r_b}{r_g}\right) \tag{6.19}$$

となるだろう。C は r_b を含むため実際には定数ではないが，$r_b \to r_g$ なら一定の値に近づく。Δr はわずかな時間で急速に狭まっていく指数関数である。

　たとえば，太陽を圧縮してブラックホールにすることを考えた場合，そのシュワルツシルト半径 r_g は式 (6.7) より 2.98×10^3 m となるが，間隔 Δr が半分になる時間は式 (6.19) より 6.86×10^{-6} 秒，すなわち，100 万分の 7 秒程度しかない。ここで，落下する観測者が懐中電灯をもっていたとしよう。懐中電灯の出力が 100 W なら 1 秒あたり約 3×10^{20} 個の光子が飛び出すことになる[*7]。仮にこれだけの光子がある瞬間，Δr の間に均等に収まっていたとしても，0.4 ミリ秒もすれば，Δr は光子 1 つ分の隙間しか残らなくなる。量子論的に考えれば，シュワルツシルト半径の外に取り残された "最後の 1 粒"

[*6]　落下を開始した観測者は，ブラックホールに近づくにつれて，しだいに小さくなるブラックホールを観測する期間があるので，余計に距離感を得づらいだろう。

[*7]　光子のエネルギーが $E = h\nu$ で，その振動数 ν を 5.0×10^{14} Hz とするなら，$100/(6.6 \times 10^{-34} \times 5.0 \times 10^{14}) = 3.0 \times 10^{20}$ 個の光子が 1 秒ごとに飛び出すことになる。

となる光子が存在し，Δr がその1粒より内側の空間に収まった場合，それ以降，出てくる情報は何もなくなる。外からみれば落下する観測者は決してシュワルツシルト半径 r_g を超えることはないのだが，だからといって“いつまでも張りついてみえる”わけではなく，ほぼ一瞬で完全にみえなくなってしまうのである。

　もちろん，太陽を圧縮してブラックホールにすること自体がナンセンスだという指摘もあろう。そもそも，太陽は軽すぎるため，どう頑張ってもブラックホールにはならず，最期は白色矮星（わい）となって星の一生を終える。ブラックホールになるためには最低でも太陽質量の3倍は必要で，有名な「はくちょう座 X–1」の質量は太陽千個分と考えられている。式 (6.19) から考えて，r_g が大きければ大きいほど，落下する観測者を眺める時間に余裕ができることは明白だ。ただし，r_g が千倍になったとしても，落下する観測者は 0.4 秒程度でみえなくなってしまうのだから，ほぼ一瞬であることには変わりない。ならば話をさらに大きくして，われわれの銀河の中心にあるとされる超巨大なブラックホールを考えてみることにする。質量は太陽の 410 万倍。その半径は $1.21 \times 10^{10}\,\mathrm{m}$ 程度と予想されるが，太陽系でいえば水星軌道の 1/5，0.08 au 程度なので，想像を絶する大きさとまではいかない。先ほどと同様に，間隔 Δr が半分になる時間を計算すると 28 秒程度になる。さらに，完全にみえなくなるまでの時間を考えれば 32 分程度の猶予があるので，落ちゆく観測者をそれなりに長めに眺めることはできそうだ。ただし，r_g に近づくと波長が変化して赤くなり，そのうち赤外線になってしまうので，実際に肉眼でみていられる時間はかなり短いのではないかと推測される。

　さて，話がかなり脱線してしまったので，そろそろまとめてみよう。そもそも，どこにおいても“光速度一定”でなければならないというのは，特殊相対論での基本原理であり，重力場を記述する一般相対性理論においては，離れた場所の光速度は変化をしてかまわない。地球という重力場下においても，下にある時計は遅れるのと同時に光速度も遅くなり，反対に，上空に置かれた時計は早く進み，かつ，光速度は速くなる。そして，そのことは，精密な時計で実際に観測されており，一般相対性理論による予測値と一致している。相手がブラックホールの場合，特徴的な“事象の地平面”が存在し，このうえ

で時計が止まり，同時に光速度もゼロとなってしまう。ただし，事象の地平面上で光が静止すると観測するのは，事象の地平面から離れた場所にいる観測者の視点によるものである。眼前を通過する光を観測することを考えれば，観測者がどこにいても……仮に事象の地平面上にいたとしても，光はつねに光速度 c と観測され，そこに矛盾はないのである。

参考文献

1) 福江　純：「らくらく相対論入門　その 1—擬ニュートンポテンシャルの特徴—」，天文月報 98(2), 75（2005）.

2) 松田卓也，木下篤哉：『相対論の正しい間違え方』（丸善出版，2001）pp. 119–123.

3) T. Takano et al.: Nature Photon. 10, 662（2016）.

4) パリティ 2013 年 11 月号（丸善出版）58 ページ.

5) L. ランダウ，E. リフシッツ：『場の古典論（原著第 6 版）』（東京図書，1978）pp. 347–349.

ブラックホールは星を砕くか？

【正しい間違い 7】
ブラックホールの事象の地平面に近づくと，潮汐力でバラバラに壊れて
しまう

　潮汐力とは，海の潮の満ち引き，満潮・干潮などを引き起こす力のこと
だ。語源として，「潮」は朝のしお，「汐」は夕のしおという意味であるから，
満潮・干潮は通常 1 日 2 回ずつある。地球に働く潮汐力の原因は月と太陽の
重力によるものであり，それぞれが真上あるいは地面の裏側にあるときに，地
球上の重力が弱まって，満潮・干潮の差が発生する[*1]。潮汐力は質点には働
かないが地球には大きさがあるので，月や太陽に近い側と遠い側で受ける重
力に差が出る。重力源に近い側は引っぱられて海水が盛り上がり，遠い側は
“おいてけぼり” になって，やはり盛り上がる。1994 年に起きたシューメー
カー・レヴィー第 9 彗星の木星衝突のように，潮汐力によって天体が形を維
持できる限界（ロシュ限界）を超えれば，星がバラバラに引き裂かれること
もある。
　では，具体的な潮汐力の大きさを考えてみよう。万有引力定数を G とし，
物体が 1 点の特異点に集中している質量 M のブラックホール[*2]から距離 r だ
け離れた質量 m の物体と，そこからさらに Δr だけ離れた同じ質量 m の物
体をひもで結ぶ。ひもにかかる潮汐力 $F_\parallel$ は，

$$F_\parallel = G\frac{Mm}{r^2} - G\frac{Mm}{(r+\Delta r)^2} = G\frac{Mm\Delta r(2r+\Delta r)}{r^2(r+\Delta r)^2} \tag{7.1}$$

[*1]　実際には海水の移動や海流，地形の影響により干満の時間や高さには，ずれがある。

[*2]　要するに，無回転のシュワルツシルト・ブラックホールを想定している。回転しているブラッ
　　クホール（カー・ブラックホール）の場合，特異点はリング状になる。ちなみに singularity は
　　“特異点” と訳すのが通例なので，リングなのに “点” いう奇妙な訳語になる。

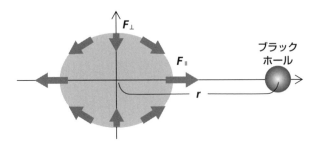

図 7.1 ブラックホールによる潮汐力。ブラックホールに落下する物体は，落下する方向に引っぱられ，同時に前後左右から押されてしだいに細長くなる。力の大きさは距離の逆3乗に従うので，落下につれて急激に大きくなる。

となるが，$r \gg \Delta r$ ならば，

$$F_{\parallel} \approx 2\frac{GMm}{r^3}\Delta r \qquad (7.2)$$

と近似できる。同様に，Δr 離れた2つの物体を，今度はブラックホールへ向かう直線に対して垂直に離した場合の潮汐力を $F_{\perp}$ とするならば，

$$F_{\perp} = 2G\frac{-Mm}{r^2+(\Delta r/2)^2}\frac{\Delta r/2}{\sqrt{r^2+(\Delta r/2)^2}} = G\frac{-Mm\Delta r}{\left(r^2+(\Delta r/2)^2\right)^{3/2}} \qquad (7.3)$$

となるから，再び $r \gg \Delta r$ の近似を用いて，

$$F_{\perp} \approx -\frac{GMm}{r^3}\Delta r \qquad (7.4)$$

を得ることができる。落ちゆくブラックホールを下とするなら，式 (7.2) は上下に引っぱられる力を表していて，式 (7.4) はその半分の力で前後左右から圧縮される力を表していることになる（図 7.1）。杵でついた餅を，まずは中央から押しつぶし，さらに両手で引っぱって伸ばすようなことが，潮汐力によって起こるわけである。ちなみに，この "潮汐力によって引き伸ばされる現象" には「スパゲッティ化」（spaghettication）というふざけた名前がついているが，スパゲッティの場合は引っぱって伸ばすというより，圧力をかけて穴から押し出すものが一般的なので，正確なアナロジーとなっていない。どちらかといえば，「手延べそうめん化」（somenication?）の方がしっくりくるのだが，世界的な知名度から考えてスパゲッティにはかなわないといった

ところであろうか？

　ところで，生身の観測者がブラックホールに近づくことを考えた場合，二度と戻ってこられない中心部に直接飛び込みたくはないであろう。事象の地平面にはなるべく近づきたいが，再び戻ってこられる軌道を模索するはずである。たとえば，地球に働く太陽の潮汐力を考える場合，地球は太陽にどんどんと落ちているわけではなく，その周囲を公転している。地球以外の惑星も同様で，水星のように太陽に近ければ潮汐力は強く，天王星のように遠ければ潮汐力は弱い。このような回転系の場合でも基本的には前述した計算は成り立つ。また，すでにある惑星の軌道だけでなく，物体の公転軌道は任意に決めることができる[*3]。ニュートン力学において，質量 m の物体の動径方向の運動方程式は極座標 (r, ϕ) で，

$$m \frac{\mathrm{d}^2 r}{\mathrm{d}t^2} = -\frac{GMm}{r^2} + \frac{mh^2}{r^3} \tag{7.5}$$

のように表される。h は単位質量あたりの角運動量で，

$$h = r^2 \frac{\mathrm{d}\phi}{\mathrm{d}t} \tag{7.6}$$

であり，重力以外の外力を受けないならば保存される量である[*4]。さらに式 (7.5) を r で積分し，有効ポテンシャル ψ_N を求めると，

$$\psi_\mathrm{N} = -\frac{GM}{r} + \frac{h^2}{2r^2} \tag{7.7}$$

で表すことができる。式 (6.1) と比べてみれば一目瞭然であるが，有効ポテンシャルというのは重力ポテンシャルに角運動量保存によるポテンシャル（遠心力ポテンシャル）を加味したものだ。ここで，$r \to \infty$ ならば $\psi_\mathrm{N} \to 0$ となるのは自明だが，$r \to 0$ の場合は右辺第 1 項の重力ポテンシャルはマイナス無限大になり，第 2 項の遠心力ポテンシャルは逆に無限大になる。2 つのポテンシャルは距離の逆数と逆 2 乗にそれぞれ比例するという違いにより，遠距離では重力ポテンシャルが卓越，近距離では遠心力ポテンシャルが卓越す

[*3]　とりあえず，量子力学的な飛び飛びの軌道の話までは考えなくてよい。

[*4]　円運動のみを取り扱う高校などの場合，$\mathrm{d}\phi/\mathrm{d}t$ を ω と置き，式 (7.5) の右辺第 2 項の遠心力を $mr\omega^2$ にするパターンが多い。

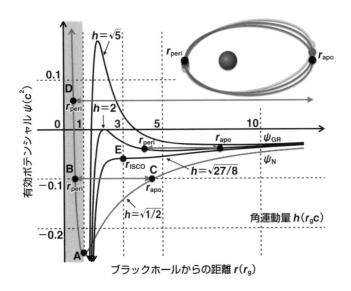

図 7.2 さまざまな条件での有効ポテンシャル。ニュートン力学における有効ポテンシャル ψ_N（灰色線）の場合は極小値（A 点）が存在し、この距離で安定した円軌道が得られる。また、距離 $r = 0$ での ψ_N は無限大となる。一般相対論によるシュワルツシルトブラックホールの場合、有効ポテンシャル ψ_{GR}（黒線群）はシュワルツシルト半径 r_g でマイナス無限大となり、その外側に極大値と極小値が存在することになるが、条件しだいで極値がなくなる。そのため、シュワルツシルト半径の 3 倍以下の領域では安定した円軌道が得られない。

るので、途中のどこかで極小値が存在する（図 7.2 の ψ_N グラフ参照）。この "有効ポテンシャルの底" の部分に相当するエネルギーをもった物体は円軌道を描くが（図 7.2 点 A）、それより少し高いエネルギーをもった物体は、楕円軌道となる。重力場に限らず、何らかの中心力のもとで運動する物体の力学的エネルギーは保存するので、等ポテンシャルの線が有効ポテンシャルと交わる部分（図 7.2 点 B と点 C）を往復する形で物体は回ることになり、中心に近い方が近点 r_{peri}、遠い方が遠点 r_{apo} となる。仮に物体に多少の外力を与えた場合でも点 B と点 C は多少上下するだけで収まるので、この軌道は安定といえる[*5]。なお、角運動量 h がゼロでない限り、r_{peri} がゼロとなることは（ニュートン力学の範疇では）あり得ないが、$\psi_N \to 0$ のとき $r \to \infty$ になっ

[*5] ただし、ψ_N が正となるエネルギーの場合には無限遠に飛び出してしまう（第 2 宇宙速度）。

てしまうので，ψ_N が 0 以上であれば，r_{apo} は無限遠となる。軌道が放物線や双曲線になるのはこのときである（図 7.2 点 D）。

　一般相対論を用いた場合の有効ポテンシャルの解については，シュワルツシルト計量から解いていく必要があるが，時間の基準をどこにおくかでいろいろな定義の仕方が存在する。まずは，ブラックホールから無限遠にある時計の時間 t を基準とし，ブラックホールに近づくにつれて時間の進みが遅くなる観測者の系の有効ポテンシャル ψ_{GR} を考えると，

$$\psi_{GR} = -c^2 \ln \sqrt{\frac{r}{r - r_g} - \frac{h^2}{c^2 r^2}} \tag{7.8}$$

となる。ここで r_g は，式 (6.7) で表されていたシュワルツシルト半径である。なお，式 (7.7) は必然的に，式 (7.8) に $r \gg r_g$ の条件を与えた場合の近似解となっている。ニュートン力学の場合との最大の相違は，有効ポテンシャル ψ_{GR} が $r \to r_g$ のときにマイナス無限大になってしまうという点であろう。時空の地平面より内側に入った物体は決して出てくることがないから，ここにポテンシャルの "底なし沼" が存在することは，ある意味当然である。また，その外側にポテンシャルの極大値が存在する場合には，さらに外側に極小値も存在し，極小値周辺で安定した軌道が存在する[*6]。ただし，一般相対論の場合はこのような "有効ポテンシャルの底" が必ずしもあるとは限らず，ブラックホールに近い軌道をとるほど許容できる近点 r_{peri} と遠点 r_{apo} の間隔が狭まり，$r = 3r_g$ の距離で "底" がなくなってしまう（図 7.2 点 E）[1]。

　この距離（シュワルツシルト半径の 3 倍）は，最内縁安定円軌道半径 r_{ISCO}（innermost stable circular orbit，ISCO）とよばれ，それより内側では必然的にブラックホールまで落ちてしまうという半径である[*7]。円軌道で回転すること自体は不可能ではないが，円軌道から少しでも逸脱するとその逸脱が増幅し，奈落の底まで落とされる。要するに "不安定円軌道" となる。では，

[*6]　一般相対論の場合，軌道は楕円に閉じないので，近点と遠点が反対方向にはならない。条件しだいでは，同じ方位角で近点と遠点が一致することもあり得るが，その場合は二周でもとに戻る軌道となる。

[*7]　なお，回転しているブラックホール（カー・ブラックホール）の場合，周回する物体と回転方向が一致していれば，r_{ISCO} は小さくなり，事象の地平面まで達する可能性もある。逆回転の場合は反対に大きくなる。

軌道を脱したらもとの軌道に戻せるような宇宙船で周回することを考えれば，事象の地平面のすぐそばまで周回可能かと問われれば，それは否だ。シュワルツシルト半径の 1.5 倍未満では，ブラックホールを周回する軌道そのものが存在しなくなる。理由は簡単で，$r = 1.5r_g$ で周回させるべき速度が光速度に達するのである。逆にいえば，$r = 1.5r_g$ の距離で，光はブラックホールのまわりを円運動する。

ニュートン力学における物体の動径方向の運動方程式は式 (7.5) に示したとおりであるが，これを一般相対論で書き直すと，

$$m\frac{\mathrm{d}^2r}{\mathrm{d}\tau^2} = -\frac{GMm}{r^2} + \left(1 - \frac{3r_g}{2r}\right)\frac{mh^2}{r^3} \tag{7.9}$$

となる。違いとしては，時間 t が運動する物体の固有時間を表す τ に変わっている点と，右辺第 2 項，すなわち，遠心力の項に $3r_g/2r$ という見慣れない付加項がついている点である。$r \gg r_g$ であればこの付加項の存在は忘れてもよいが，半径が小さくなるにつれて遠心力が "弱まっていく" ことになる。一般相対論では，質量とエネルギーは等価であるため，回転エネルギーが大きくなると結果的に重力が強まり，$r = 1.5r_g$ の距離では遠心力の項がゼロ，それより内側では負となる。すなわち，回れども回れども遠心力の効果が出ず，$r = 1.5r_g$ より内側では逆に重力が増すことになるため，円軌道を維持することができない。

通常われわれは，ブラックホールを "黒い球体" と理解している。ブラックホールに近づくにつれ，球体の大きさは大きくみえてくる。また，前述のとおり，$r = 1.5r_g$ の距離では光が周回軌道を回る。それより内側の軌道を進む光はいずれブラックホールに吸い込まれるため，この軌道上にいる観測者の目線でみれば，視界の半分がブラックホールの "黒い壁" であり，残り半分が宇宙空間となるだろう。この状態のブラックホールの大きさを定義するなら無限大[2]) になるが，どちらかというと宇宙が 2 等分されたかのように感じるはずである。そして，その境界線上を宇宙船が "直進" するのだから，遠心力は働かないと観測者が考えてもおかしくはない。さらに，$1.5r_g$ より内側の場合，球体にみえるのは宇宙の方である。ブラックホールと宇宙の大きさの関係が完全に入れ替わっていると考えた方がよいかもしれない。そして観測者

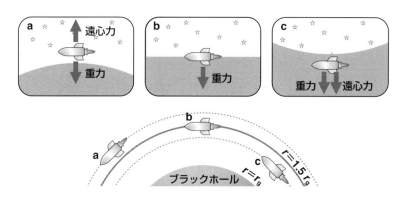

図 **7.3**　ブラックホールを周回する観測者の視点。シュワルツシルト半径 r_g の 1.5 倍より上を周回する観測者 (a) は，ブラックホールを丸い天体と認識する。半径 $1.5r_g$ を移動する観測者 (b) はブラックホールを "黒い壁" と感じる。それより下の観測者 (c) は中華鍋の底を移動しているような感覚となり，丸いのは宇宙の方となる。なお，(b) と (c) は周回軌道が存在せず，軌道を保持するには何らかの推力が必要である。

は，宇宙という球体の縁を回り，その遠心力がブラックホール側に働くのを感じることになる。回れば回るほど外側，すなわち，ブラックホール側に吸い寄せられるのである（図 7.3）。

なお，式 (7.9) から有効ポテンシャル ψ_{gr} を求めると，

$$\psi_{\mathrm{gr}} = -\frac{GM}{r} + \frac{h^2}{2r^2} - \frac{r_g h^2}{2r^3} = -\frac{r_g c^2}{2r} + \frac{h^2}{2r^2} - \frac{r_g h^2}{2r^3} \tag{7.10}$$

である。当然ながら $r \gg r_g$ のときには右辺第 3 項は落ちるので式 (7.7) と一致する。また，式 (7.8) はブラックホールから無限遠の場所の時刻 t を基準にし，落ちゆく観測者の時計をみる系[*8]を用いていたが，式 (7.10) は落ちゆく観測者の固有時間 τ を基準にしている。ここで注目すべきは，有効ポテンシャル ψ_{gr} は $r \to r_g$ のときに有限の値（$\psi_{\mathrm{gr}} = -c^2/2$）をとるということである。無限遠基準での有効ポテンシャル ψ_{GR} は，$r \to r_g$ でマイナス無限大の "底なし沼" となった。事象の地平面という境界線上で ψ_{GR} の傾きが垂直となるから，この場所での潮汐力は無限大となる。よって，「ブラックホールの事象の地平面に近づくと，潮汐力でバラバラに壊れてしまう」のは当然の

[*8]　シュワルツシルト半径 r_g 上で時計が止まってみえるのはもちろんのこと，$1.5r_g$ の距離で円運動した場合も光速度で回転することとなるから，やはり時間は止まる。

結果となるのだが，落ちゆく観測者の立場ならば，バラバラにならずに通過できる可能性もあるということだ。

　では，具体的な潮汐力はどの程度になるのかということを考えてみよう。$r \to r_g$ のときの式 (7.10) は右辺第 1 項しか残らないので，結局のところ，角運動量 h のことは考えなくてもよさそうである[*9]。ならば，冒頭で書いたニュートン力学による潮汐力の計算と基本的に変わらないから，式 (7.2) の距離 r を r_g とし，式 (6.7) を使って変形すると，

$$F_\parallel \approx \frac{c^6}{(2GM)^2} m \Delta r \qquad (7.11)$$

を得る。たとえば太陽がブラックホールになったとして[*10]，そこに人が落ちることを考えてみよう。$GM \approx 1.33 \times 10^{20} \, \mathrm{m^3/s^2}$，$c \approx 3.00 \times 10^8 \, \mathrm{m/s}$ とし，上半身と下半身の質量をそれぞれ 30 kg，その間が 1 m だとすれば，

$$F_\parallel \approx 3.15 \times 10^{10} \, [\mathrm{kgw}] \qquad (7.12)$$

というとんでもない値になる。世界最大級の石油タンカーが原油を満載しても，せいぜい 50 万トンなので，これを腰から 63 隻もぶら下げた状態を想像してもらいたい！　どうあがいても "生きて" 事象の地平面を通り抜けるのは不可能だ……という結論になる。仮に，r_ISCO（$= 3r_g$）を回転していたとしても，約 2 隻分のタンカーがぶら下がっていることになるから，生存はやはり絶望的だ。

　ここで，式 (7.11) をよくみると，事象の地平面における潮汐力は，ブラックホールの質量の 2 乗に反比例するということがわかる。すなわち，ブラックホール自体が巨大であれば，潮汐力は弱まるはずだ（図 7.4）。ただ，恒星のなれの果てであるブラックホールは，太陽質量の 10〜20 倍程度なので，鋼鉄の体でない限り生きて事象の地平面を通り抜けるのはやはり不可能に思える。

　ところが，ブラックホールは大別して 2 種類あり，恒星の 終 焉のブラッ

[*9]　潮汐力を求める場合は物体の重心からの重力差を計算するので，どのみち角運動量は潮汐力の大小には絡んでこない量である。

[*10]　実際には，太陽は軽すぎてブラックホールにはなり得ない。もしなったとすれば，事象の地平面の半径は 3 km 程度となる。

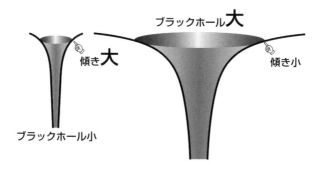

図 **7.4**　ブラックホールの大きさによる重力場の違い。ブラックホールへ自由落下する物体にかかる事象の地表面における潮汐力は，ブラックホールの大きさが小さいほど大きくなる。

クホールとは別に，銀河中心核に存在する巨大ブラックホールという存在がある。その質量は太陽の 100 万倍から，大きいものでは 10 億倍以上の質量をもっていることがわかってきたのである[*11]。たとえば，われわれの銀河の中心には太陽質量の 300 万倍に達するブラックホールがある。ということは，このブラックホールへ落ち込むのであれば，潮汐力は，

$$F_{\parallel} \approx 3.50 \times 10^{-3} \, [\mathrm{kgw}] \tag{7.13}$$

で済む。要するに，腰に 1 円玉 3.5 枚をぶら下げた程度の力であるので，引っぱられているという感覚すらないであろう。さらに，ブラックホールに自由落下していく観測者からみれば，事象の地平面の通過時に特別な経験をするわけではないので，いつ通過したかわからないということすらあり得る[*12]。もちろん，事象の地平面を一度通過してしまえば，内部から外の世界に戻ることは不可能だし，ブラックホール中心部の "真の特異点" に到達する前に

[*11]　巨大ブラックホールがどういう過程でできるのかは，いまだわかっていない。また，銀河中心核にあるブラックホールの質量は，銀河そのものの質量と比例していることがわかっており，大きな謎の 1 つとなっている。さらに，中間の質量をもつブラックホールも見つかっている。

[*12]　古典的には落下観測者は無傷で地平面を越えることができるが，量子力学的にみると地平面での放射で "焼き尽くされてしまう" という説もあり，「ブラックホール情報パラドックス」としていまも議論が続いている。

必ず潮汐力でバラバラにされてしまうので，わずかばかり延命[13]しただけのことだ。そうだとしても，潮汐力でバラバラにされる場所と，事象の地平面とは直接関係するものではないということはおわかりいただけたと思う。ブラックホールが小さいものであれば，事象の地平面に到達するはるか手前でバラバラにされてしまうし，大きければ支障なく素通りできることになる。

なお，巨大ブラックホールならば事象の地平面付近の潮汐力も小さく，「もしかすると再び外に出られるのでは？」と勘違いされると困るので，少し補足をしておく。生きたまま地平面を "通り抜ける" ことは可能かもしれないが，生きて "引き返す" のは絶望的である。

まずは，無限遠から事象の地平面にまっすぐ近づき，重力に逆らって再び無限遠に遠ざかることを考える。無限遠といっても重力の影響が "ほぼ" なくなった距離でよい[14]。この場合，全行程に必要なエネルギーは，宇宙船の全質量分に相当する。要するに，全行程の後には，宇宙船すべてが消えてなくなっているのである。式 (7.10) において，有効ポテンシャル ψ_{gr} が $r \to r_g$ のときに $\psi_{gr} = -c^2/2$ となるというのは，質量 m の宇宙船は片道分で，$mc^2/2$ のエネルギーを使うということであり，往復で mc^2 を使い切ってしまうことを表している。

では，事象の地平面から無限遠まで脱出するのは不可能だとしても，事象の地平面から少し上まで脱出することはできないだろうか。それが可能なら，外部から迎えにきてもらうことで，外へ脱出できるのではないだろうか？[15]

たとえば，事象の地平面付近の重力加速度 g を，

$$g = \frac{GM}{r_g^2} = \frac{c^4}{4GM} \tag{7.14}$$

と計算できるとするならば，ブラックホールの質量が銀河 1 つ分くらい（銀河中心核にある巨大ブラックホールの，さらに数百万倍の規模！）あれば，事

---

[13]　太陽質量の 300 万倍のブラックホールのシュワルツシルト半径は 900 万 km 程度ということになるが，落下する観測者はこの距離を，ものの数十秒で駆け抜けてしまう。この程度の "延命" ではまったく嬉しくない。

[14]　たとえば，地球の場合，地球から 26 万 km（月までの距離のおよそ 7 割）離れると，地球より太陽の重力作用の方が大きくなるので，この距離を地球重力圏とよぶ。

[15]　この疑問は，前項の話題とも重なるので，併せて読んでいただければ幸いである。

象の地平面付近の重力は地球上の重力とたいして変わらない程度になる。ならば、H-IIA ロケット並のエンジンで、事象の地平面から脱出できると考えるかもしれない。だが、事象の地平面に落ちゆく観測者の時間の進みは、無限遠の観測者の時間に対して非常に遅くなっていることを思い出していただきたい。落ちゆく観測者がこのブラックホールの引力圏から脱出するには、"無限遠の観測者からみて" H-IIA ロケット並の推力が出ていなければならない。仮に、時間の進みが半分にみえていたとするならば、ロケットからの推進剤の噴射速度も半分にみえることになる。よって、噴射速度を倍にするか、あるいはエンジン数を増やす必要が出てくる。極端な話、事象の地平面上にいる観測者の時間は止まってみえるので、無限大の出力をもつエンジンが必要となる[*16]。当然ながらその宇宙船内の重力も無限大となり、人が生きたまま乗ることは不可能だ。

　さらにもう 1 つ。ブラックホールへ素直に落下していく観測者は、時空の地平面をとくに感じることなく、いつ通過したかわからない……と書いたが、途中で引き返そうと奮起し、事象の地平面に対して静止した状態になった観測者は、その甚大な重力を感じるとともに、地平面がどこにあるかもはっきりとみることができるだろう。そしてその地平面は、近ければ近いほど光り輝いてみえるはずである。ブラックホールはホーキング放射（Hawking radiation）という熱的な放射を放っているが、通常はとても低温の放射で弱くみえる。だが、極端に時間が遅くなっている観測者からみれば、十分に高温にみえる。その温度 T は、ボルツマン定数を k、換算プランク定数を $\hbar$（$= h/2\pi$）とすると、

$$T = \frac{\hbar c^3}{8\pi k GM} = \frac{\hbar g}{2\pi ck} \tag{7.15}$$

であるので、この重力 g が "観測者の感じる g を表している" と考えれば、地平面近くで留まっている観測者ほど熱くみえることになる[*17]。これに関して

[*16]　この話は第 12 項で詳しく解説する。

[*17]　一様な固有加速度で飛行する物体も加速逆向きに事象の "壁" をもち、ウンルー放射（Unruh radiation）が出る。定義式はホーキング放射と同じであり、ブラックホールが無限大の場合の解に相当する。また、事象の壁までの距離は加速度に反比例（$L = c^2/a$）し、距離が半減すれば放射は 2 倍となる。もちろん、この壁に対して "自由落下" する観測者は壁も放射も検知することはない。

は，次項で話題とする。

　巨大ブラックホールへ接近するチャンスはそうそうないと思われるが，むやみに近づかない方が賢明である。もっとも，宇宙空間を漂っているわれわれは，われわれの銀河ごと，超々巨大なブラックホールの事象の地平面を昨日越えたばかりなのかもしれない。しかしながら，そのことをわれわれが知る術は何もないのである。

参考文献

1) 福江 純：『パソコン・シミュレーションブラックホールの世界』(恒星社，1990).
2) 松田卓也，木下篤哉：『相対論の正しい間違え方』(丸善出版，2001) pp. 161–165.

ブラックホールは蒸発しているか？

【正しい間違い 8】
ブラックホールはホーキング放射でいずれ蒸発する

　ブラックホールが文字どおりの "黒" ではなく，その温度に見合った放射を出しているということは，理論提唱者であるホーキング（S. W. Hawking）の知名度と相まって，よく知られていることである。歴史的な経緯をみていくと，まずはホーキングらが「ブラックホールの事象の地平面の面積は決して減少しない」という地平面の面積定理を発表したことが始まりだ（1973 年）[1]。無回転のブラックホール（シュワルツシルト・ブラックホール）の場合，シュワルツシルト半径 r_g からその地平面の面積 A は，

$$A = 4\pi r_g^2 = \frac{16\pi G^2 M^2}{c^4} \tag{8.1}$$

で表される。ここで G は万有引力定数，c は光速，M はブラックホールの質量である。たとえば，質量が M_1 と M_2 のブラックホール（面積は A_1 と A_2）が合体し，面積が A_3 になったとすれば，

$$M_1^2 + M_2^2 \le (M_1 + M_2)^2 \quad \text{より，} \quad A_1 + A_2 \le A_3 \tag{8.2}$$

となることは明らかである。さらに，回転しているブラックホール（カー・ブラックホール）の面積は，角運動量を J とすると，

$$A = \frac{8\pi G^2 M^2}{c^4}\left(1 + \sqrt{1 - \frac{cJ}{GM^2}}\right) \tag{8.3}$$

である。角運動量が最大値の GM^2/c であった場合[*1]，その面積は静止した
ブラックホールの半分であり，ペンローズ過程（Penrose process）という機
構で回転のエネルギーを取り出すことができる。そのさい，ブラックホール
はしだいに角運動量を失い，やはり面積は増大する方向へ向かう。では逆に，
ブラックホールを回転させるような力を与えれば面積は減るのではないかと
考えるかもしれないが，そのためにはブラックホールに質量のあるものを打
ち込まねばならず，どうやっても面積は減らない……というのが「地平面の
面積定理」の結論である。

　この「ブラックホールの面積は減らない」という定理を「エントロピーは減少
しない」という熱力学に結びつけたのがベッケンシュタイン（J. D. Bekenstein）
である（1973 年）[2]。ベッケンシュタインはブラックホールのエントロピー
が事象の地平面の面積に比例するとして議論を展開した。「エントロピー ＝
ブラックホールの面積」そして「内部エネルギー ＝ ブラックホールの質量」
と考えることによって，ブラックホールの熱力学を考察するという論法はあ
る程度成功したが，ブラックホールの温度の定義ができなかった。なぜなら，
ブラックホールは吸い込むばかりでそれを周囲に "吐き出す" 方法がないと当
時は考えられており，温度は絶対零度とみなさざるを得なかったからである。

　その後，ホーキングによるブラックホールの蒸発理論（1975 年）[3] が登場
し，ブラックホールは表面温度に応じた熱放射を出すことが示される。その
温度 T こそが前項で示した式 (7.15) である。ブラックホールは熱放射を行う
ことで質量，つまりエネルギーを失う。「内部エネルギー ＝ ブラックホール
の質量」というのは，ブラックホールの内部エネルギーを Q とすれば，

$$Q = Mc^2 \tag{8.4}$$

であるということにほかならないが，ここでエントロピー S の定義から

$$dS = \frac{dQ}{T} = \frac{d(Mc^2)}{T} \tag{8.5}$$

[*1]　仮に，ブラックホールが $J > GM^2/c$ の角速度をもっていた場合，式 (8.3) は虚数になってし
まうが，この角速度では地平面の外側に特異点が出てしまうという奇妙な現象が起こる。このた
めペンローズ（R. Penrose）は，"裸" の特異点は地平面の外に出てこないとして，宇宙検閲官仮
説（cosmic censorship conjecture）を提唱した。とりあえずは，この仮説に従うものとする。

となるから，ここに式 (7.15) を代入すると，

$$S = \frac{k}{4\hbar}\frac{c^3}{G}A \tag{8.6}$$

が示され，「エントロピー ＝ ブラックホールの面積」の比例関係が定式化される，というのが一連の歴史的経緯である。

　さて，ブラックホールの表面温度を表す式 (7.15) は結局のところ，温度 T が質量 M に反比例するという単純な関係である。質量 M 以外はすべてが定数なのだ。ここに，太陽質量（1.99×10^{30} kg）を代入すれば，

$$T \approx 6.17 \times 10^{-8}\,[\mathrm{K}] \tag{8.7}$$

程度となる。ただし，実際の太陽はブラックホールにはならず白色矮星となる。恒星の最期がブラックホールとなるためには，太陽質量の 3 倍以上が必要とされるが，その場合ではブラックホールの温度はせいぜい 2×10^{-8} K 程度にしかならない。もちろん，古典論では吸い込む一方だったブラックホールが，ごくわずかであったにせよ "ゼロではない放射" を出し得るということがわかった意義は大きい[*2]。ただし，いまこの宇宙で，わずかずつながらブラックホールが蒸発しているのかといえば，それは否である。宇宙空間には 2.7 K の宇宙マイクロ波背景放射（CMB）が満ちていることを思い出していただきたい。ブラックホールより周辺の宇宙空間の方がはるかに熱いのであるから，エネルギーはブラックホールの方へ流れ込む。要するに，ブラックホールはホーキング放射でやせ細るどころか，逆に CMB を食べて太っていくのである。それ以外にも，周囲の星間ガスやほかの恒星，あるいは重力波検出で話題となったブラックホール同士の衝突などで，ブラックホール自身は太る一方だと考えた方がよさそうだ。

　もっとも，現在の宇宙が「ホーキング放射 ≪ CMB」だとしても，将来的に逆転することはあり得る。CMB が現在 2.7 K であるのは，宇宙の膨張によって初期の灼熱の状態が冷めてきたせいであるから，今後のさらなる膨張によって，ますます低温になっていくことは間違いない。宇宙が将来的に収

[*2]　カー・ブラックホールからペンローズ過程により回転エネルギーを取り出すことは可能と考えられていたが，静止したブラックホールからは何も出てこないというのがそれまでの常識であった。

縮に転じることがない（閉じていない）のであれば，いずれは「ホーキング放射 > CMB」となり，ブラックホールはエネルギーを吸い込むものではなく，"熱源"として機能するようになるだろう。宇宙が膨張し続ける限り，遠い将来には，すべてのブラックホールが蒸発してしまうことになる。

　ブラックホールが蒸発するかしないかは，ベランダに干した洗濯物が乾くか乾かないかとほとんど同じ現象として扱うことができる。濡れている洗濯物が乾くのは，外気が乾いている……すなわち，相対湿度が 100% に達していないからである。外が雨ならば，屋根つきのベランダで干したとしても洗濯物は乾かないであろう。逆に，いったん乾いた洗濯物をそのまま夜まで干しっぱなしにすると湿ってしまうのは，外気温の低下によって飽和水蒸気量が小さくなり，大気中の水蒸気が再び水滴に変わってしまうからだ。窓ガラスや氷を入れたコップにできる結露を考えてみるとわかりやすい。ちなみに，海や川から発生する水蒸気が上昇して雲ができるというのも同様の現象だ。水蒸気を含んだ空気塊は，上空に上がるにつれ断熱膨張を起こし温度が低下する。そして，水蒸気量が飽和に達した高度で，溶け込めなくなった水蒸気が水滴となり雲ができる[*3]。雲粒が大きく成長するにはさらに周囲の温度が低くなる必要があるが，ブラックホールの場合は周囲の温度が低いと逆に蒸発して小さくなってしまうので，この点はあべこべである。

　閑話休題。ところで，今後永遠に続くとされる宇宙の膨張が，何らかの原因で止まってしまったらどうなるだろうか？　この場合，ブラックホールがすべて蒸発して完全に一様な宇宙になってしまうか，あるいはブラックホールと放射が仲良く共存するかのどちらかになる。完全密閉された部屋で洗濯物を干すことを考えればよい。部屋が広ければ蒸発した水蒸気が飽和する前に洗濯物が乾く。部屋が狭ければ完全に乾く前に湿度が 100% に達し，それ以上は乾かない。正確にいえば，蒸発する水蒸気と凝結する水蒸気の量が同じになるので，その段階で変化がみられなくなる。

[*3]　ちなみに，「上空に行くと温度が下がって雲ができる」という説明は，半分正しいが半分正しくない。空気塊が上昇すれば気圧は低くなるので，露点温度が下がり，それだけ水滴化しづらくなる効果もあるからだ。仮に惑星の大気がライターに使われるブタンガスなどであれば，低気圧で晴れ，高気圧で雨が降る世界となっているかもしれない。ちなみに筆者は気象分野の方が専門である。

　ブラックホールの場合，ブラックホールの温度と宇宙に満ちている放射の温度が同じになれば，そこで熱平衡に達し，それ以上の変化がなくなりそうにも思えるが，話はもう少し複雑だ[4]。たとえば，ブラックホールが平衡状態からちょっとだけ "余計に" ホーキング放射を出すと，そのエネルギー分だけ "余計に" 宇宙が暖まることになる。そして，宇宙を暖めた分だけブラックホールの質量が減ることになり，式 (7.15) から，ブラックホールの温度が少しだけ上がる。宇宙の温度上昇がブラックホールの温度上昇よりも大きい場合は，余計に放出されたエネルギーがブラックホールへ自動的に返還されるので安定だが，逆ならば暴走を始め，ブラックホールは蒸発しつくしてしまう。熱平衡状態といっても，安定な平衡と不安定な平衡があるわけだ。

　さてここで，ブラックホールを除いた宇宙全体を，放射で満たされた黒体と考えると，シュテファン・ボルツマンの法則により，宇宙の全放射エネルギー U_{Uni} は，

$$U_{\mathrm{Uni}} = \frac{\pi^2 k^4 V}{15 \hbar^3 c^3} T^4 \propto T^4 \tag{8.8}$$

と，宇宙の温度の 4 乗に比例することになるだろう。ここで，V は宇宙の体積である。これに対し，ブラックホールの全エネルギー U_{BH} は，式 (7.15)，式 (8.4) から，

$$U_{\mathrm{BH}} = Mc^2 = \frac{\hbar c^5}{8\pi kGT} \propto \frac{1}{T} \tag{8.9}$$

と，ブラックホールの温度に反比例する。軽くなると温度が上がるのだから当然だ。ブラックホールが発したホーキング放射が宇宙を暖める熱源であるから，ブラックホールが "余計に" ホーキング放射を出した場合に，宇宙の温度が高ければ安定，ブラックホールの温度が高ければ不安定となる。その境目は，双方の温度あたりのエネルギー変化量が拮抗する条件から，

$$\frac{dU_{\mathrm{Uni}}}{dT} = -\frac{dU_{\mathrm{BH}}}{dT} \quad \text{より，} \quad T = \sqrt[5]{\frac{15\hbar^4 c^8}{32\pi^3 k^5 GV}} = \frac{8.17 \times 10^{10}}{\sqrt[5]{V}} \tag{8.10}$$

となるが，現在の宇宙の大きさを 465 億光年とするならば，

$$T \approx 6.33 \times 10^{-6} \, [\mathrm{K}] \tag{8.11}$$

である。この温度は式 (8.7) と比べるとおよそ 2 桁も高い。恒星型のブラッ

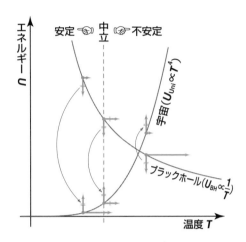

図 8.1 ブラックホール–宇宙間での熱エネルギーのやりとり。ブラックホールはその温度に見合ったホーキング放射を行い，その熱で宇宙空間の温度が上がるが，同時にブラックホールの温度も上がる。ブラックホールの温度上昇より宇宙の温度上昇の方が大きければブラックホールは安定だが，逆なら不安定となって暴走する。

クホールは，さらにこの 1/3 程度の温度が上限であるので，CMB を食べて今後も太る（＝冷える）だろう。銀河中心核にある巨大ブラックホールの温度はいうに及ばず（10^{-17} K 程度！）である。要するに，圧倒的に宇宙の温度の方が高温であるため，宇宙全体の放射エネルギーをブラックホールが吸い込み熱平衡に達した後もブラックホールは存在し，そこで安定した老後を過ごす（図 8.1）。

　ところで，先にブラックホールの蒸発と洗濯物の乾燥の類似性を指摘したさい，「部屋が狭ければ完全に乾く前に湿度が 100% に達し，それ以上は乾かない」と述べた。洗濯物をブラックホールとし，部屋の水蒸気を宇宙の放射と考えれば，飽和に達した段階で状態の変化がストップするのは必然のように思える。だが，湿度が 100% に達しても水蒸気が水滴にならず，場合によっては湿度 400% になっても水蒸気のままの場所がある。高度 1 万 m ほどの上空だ。じつは，水滴が非常に小さい場合，その表面張力によって水滴からの蒸発が促進される。表面張力は半径に反比例するため，小さく生じた水滴は

即座に蒸発してしまい大きくなれない*4。たとえば飛行機が通過し，最初から "一定以上の大きさ" の水滴をばらまくようなことがあれば，周囲の水蒸気はその水滴に凝結し，それによって表面張力がさらに小さくなってさらに凝結し……をくり返し，最終的に飛行機雲になる。飛行機雲というと，すべてが飛行機から排出された水蒸気かと思われるかもしれないが，それはほんの一部で，雲の "種" を撒いたという効果の方が大きい。すなわち，高度 1 万 m ほどの上空では，湿度 400% で水蒸気がそのまま残っている状態と，それが飛行機雲になって空を覆うという 2 種類の安定的な平衡状態があり，一定以上の大きさの水滴があるか否かで，状態が切り替わるわけだ。

　さて，ブラックホールの場合，式 (7.15) と式 (8.1) を組み合わせると，

$$T = \frac{\hbar c}{16\pi k r_g} \propto \frac{1}{r_g} \tag{8.12}$$

となり，その温度は半径に反比例することがわかる。水滴の表面張力が半径に反比例するようにである。すなわち，「放射 ＋ ブラックホール」という熱平衡のほかに，「全部が放射」という状態も安定的にあり得るわけで，その切り替わりは一定以上の大きさのブラックホールが存在しているか否かにかかっている（図 8.2)*5。たとえば，2008 年に稼働を始めた CERN（欧州原子核研究機構）がもつ大型ハドロン衝突型加速器（Large Hadron Collider, LHC）による実験が「マイクロブラックホールを生み出すのではないか？」というニュースが一時センセーショナルにとり上げられたことがある。改良された現在の LHC は 13 TeV の陽子–陽子衝突が可能になったレベルで，衝突によってブラックホールが生じたとしても，その質量は 4.6×10^{-23} kg。式 (7.15) から考えると，その温度は 2.7×10^{45} K という途方もない高温*6となり即座に蒸発してしまうだろう。太陽がブラックホールになった場合のシュワルツシ

---

*4　仮に，大気中に空気と水蒸気だけしかないとした場合，雲は発生しないことになる。本書ではこれ以上解説しないが，大変おもしろい話なので，興味がある読者は調べてみてほしい。

*5　2 つの安定的な平衡状態があるとした場合，「どちらがより安定か？」を考えることができる。これは「どちらの状態のエントロピーがより大きいか？」といい換えることができ，現状では「放射 ＋ ブラックホール」の方である。ただし，宇宙が今後も広がり続けるならば，いずれ逆転する。

*6　この温度はプランク温度をはるかに超えている。一言でいえば物理的に意味のある温度とはいえない。

86

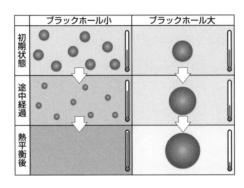

図 8.2 2 種類の熱平衡状態。初期状態のブラックホールの全質量が同じであったとしても，ブラックホールの大きさの違いで温度が異なるため，最終的な熱平衡状態が変わる。

ルト半径は約 3 km で，そのときの温度が式 (8.11) に比べて「2 桁低い」のだから，半径約 30 m 以下のブラックホール "だけ" しかこの宇宙に存在していなかったならば，宇宙は最終的に「全部が放射」になってしまうことになる。30 m 級のブラックホールは木星 10 個分程度の質量に相当するが，実在の宇宙空間にはすでに温度 2.7 K もの CMB 放射があるため，小さなブラックホールも CMB を食べて大きく成長できる。結局のところ，月の 6 割以上の質量をもつブラックホールは，割りばしで絡めとるわた菓子みたいに CMB を食べて大きく成長することになる。「放射 + ブラックホール」という熱平衡状態はいろいろな意味で安泰だ。

　もちろん，ここで述べた考察は，現時点で宇宙の膨張がピタリと止まり，かつ，そのまま熱平衡状態になってしまった場合の話であり，あまり現実的な考察とはいいがたい。われわれの宇宙はいまだに若く，熱平衡とはほど遠い状態にある。放射とブラックホールだけという寂しい未来は当分やってきそうにないが，仮に宇宙の加速度的な膨張がこれからも続くならば，ブラックホールは最終的にすべて蒸発しつくされる以外の解はなくなる。式 (8.10) の体積 V がどんどんと大きくなるのだから，当然といえば当然である。

　さて，放射とブラックホールの熱平衡まで考えたのならば，最後にちょっとした余談をつけ加えておきたい。CERN にある LHC で微小なブラックホールをつくる場合，ブラックホールの温度は質量に反比例するので，仮に生成

できたとしてもあっという間にホーキング放射を出して消滅してしまうことはすでに述べた。かなり遠い将来の話であるが，たとえば小惑星1つ分くらいの質量のブラックホールを人間の技でつくれるようになったならば，それが蒸発してしまう前に鏡張りの"魔法瓶"に入れることをお勧めする。生成できるブラックホールの大きさと魔法瓶の大きさの比率にもよるが，式 (8.10) で求められる温度を1万Kと仮定するならば，半径1.8mの球体魔法瓶に，大きめの小惑星程度（1.2×10^{19} kg）以上の質量をもつブラックホールを封入すればよい。もちろん，光を完全に反射できる鏡はないので，少しずつ外へエネルギーが漏れてしまうが，そこは何らかの方法でブラックホールに質量，すなわち"エサ"を投入するのだ。さらに，魔法瓶の一部を切り抜いて，そこからホーキング放射を一方向に放射できるようにすれば，そのまま宇宙船の光子推進ロケットとして利用できるかもしれない（図8.3）。

　ただし，実際のブラックホールへの質量投入は制御が非常に難しい。小惑星程度の質量をもつブラックホールの場合，そのシュワルツシルト半径は非常に小さく，1.2×10^{19} kg の例でその半径は 4.6 nm となる。電子顕微鏡でやっとみることができる程度の大きさだ。この中心部付近に物体を正確に撃ち込まねば，物体はブラックホールの周囲を回ってもとに戻ってきてしまう[*7]。ま

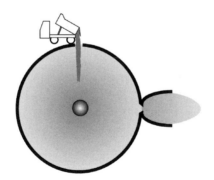

図 8.3　ブラックホールを使った光子推進ロケット。ブラックホールを魔法瓶に閉じ込めておけば，条件しだいで，ブラックホールを残したまま一定の温度で熱平衡に達し，以後安定する。光子の噴射量と質量注入量をそろえれば，推進エンジンとして利用できる。

[*7]　前項で詳しく説明したが，シュワルツシルト半径の3倍の最内縁安定円軌道半径 r_{ISCO} 以内に落とすべきであろう。

た，ブラックホールからは非常に強い放射が出ていることになるので，その輻射圧に押されて中心に物体を投げ入れること自体が非常に困難だ（エディントン限界）。

さらに，このロケットが移動するとき，熱源であるブラックホールがとり残されてしまう問題がある。ブラックホールを"押す"手だてがないのである。方法としては，ブラックホールを帯電させ，電場の力で移動させる機構などが考えられる。幸か不幸かわからないが，ブラックホールに"エサ"を投入する段階で，投入された物体は原子核と電子に分離され，より重い原子核が中心に届く率が高いであろうから，このブラックホールは勝手に正に帯電し，魔法瓶側は負に帯電するはずである。発生した電場を用いてブラックホールを魔法瓶内に留めておくことができれば，この装置はロケットとして機能するだろう[8]。あるいは物質の投入位置をいろいろと変え，ブラックホールにぶつけることで直接的に押す方法を考える方が簡単だろうか？

映画《バック・トゥ・ザ・フューチャー》にはMr. フュージョンという，ゴミを入れて燃料にする装置が登場するが，その中にはここで述べたようなマイクロブラックホールが入っているのかもしれない。さてさて，与太話[9]はこれくらいにしておこう。

参考文献

1) J. M. Bardeen, B. Carter and S. W. Hawking: "The four laws of black hole mechanics," Commun. Math. Phys. 31 (2), 161 (1973).

2) J. D. Bekenstein: " Black holes and entropy," Phys. Rev. 7 (8), 2333 (1973).

3) S. W. Hawking: "Particle creation by black holes," Commun. Math. Phys. 43 (3), 199 (1975).

4) 松田卓也編：『宇宙とブラックホール』（恒星社，1990）pp. 189–191.

---

[8] とはいえ，相手は小惑星並の質量であるから，素早い移動は難しい。また，光子推進も大きな力は期待できないので，ロケットとは思えないゆっくりとした移動になるだろう。速さを求めるならブラックホールは小さいほどよいが，今度は制御が難しくなる。

[9] ちなみに，ヨタ（yotta）は 10^{24} を表す接頭辞の1つなので，10^{19} だと「10エクサ話」程度である。

10光年先の星に10年未満で行けるか？

【正しい間違い9】
10光年離れた星に到着するには，10年以上かかる

10光年というのは，文字どおり「光が10年かけて到着する距離」のことである。そして，光はこの世でもっとも速いものであるから，10光年（約95兆km）離れた星に行くには，最短で10年かかることを意味する。いい換えれば，どんなに高速な宇宙船をつくったとしても，10光年離れた星に10年以下で到着するのは不可能ということだ。一見すると，このことに反論の余地はないように思えるが，宇宙船の搭乗者の視点で考えると，そうともいえない状況が出てくる。

宇宙船が通常の物質でできている以上，決して光速以上になることはない[*1]。したがって，地球から10光年離れた星の石を地球にもち帰るためには，往復で20年以上かかる。これは地球で待つ人にとって間違いないことである。だが，ここで「双子のパラドックス」を思い出していただきたい。双子の兄が宇宙船に乗り，長旅をして戻ってきたら，地球で待つ弟はとても年をとっていたというアレである。要するに，光速度に近い速度で移動すると，時間の進み方がとても遅くなるので，宇宙船の搭乗者はなかなか年をとらない。"地球時間"で10年たったとしても，"宇宙船時間"ではそれより短くなる。10光年先の星に到着するのは地球時間で10年以上かかるとしても，宇宙船時間

[*1] 　重力場内のような非慣性系では，場所ごとに光速度が異なるため，条件しだいで光速度を超えるようにみえる移動を考える必要も出てくるのだが，ここでの話は慣性系での話であり，加速度運動するのは宇宙船のみとして考えている。

では 10 年以下で着くこともあり得る。

10 光年離れた星に到着するのに宇宙船時間でどれだけかかるかについては，宇宙船の運航しだいなので一概にはいえないのであるが，ここでは，初速ゼロで出発し，道程の半分……すなわち 5 光年まではずっと一定の加速で進み，そこから先は一定の減速をして到着時に再び速度ゼロとなるような行程を考えてみる。加速度の大きさはつねに同じで，道程の半分で加速向きが反対になればよい。前著『相対論の正しい間違え方』のおさらい[1)]になるが，加速度 a で宇宙船を加速し続けた場合[*2]の，地球時間 T の経過と，地球からみた場合の宇宙船の移動距離 X の関係は，

$$X = \frac{c^2}{a} \left(\sqrt{1 + \left(\frac{a}{c}T\right)^2} - 1 \right) \tag{9.1}$$

である。宇宙船には人が乗るので，加速度 a は地球の重力 $1\,\mathrm{G} = 9.8\,\mathrm{m/s^2}$ 程度が妥当だと思われるが，そうすると a/c はかなり小さな値（およそ $3.3 \times 10^{-8}\,\mathrm{s^{-1}}$）であり，地球時間 T が数か月程度までなら，

$$1 \gg \left(\frac{a}{c}T\right)^2 \quad \text{であり，} \quad \sqrt{1 + \left(\frac{a}{c}T\right)^2} \approx 1 + \frac{1}{2}\left(\frac{a}{c}T\right)^2 \tag{9.2}$$

と近似できるため，式 (9.1) は，

$$X \approx \frac{1}{2}aT^2 \tag{9.3}$$

と近似でき，ニュートンの運動方程式に帰結することがわかる。逆に地球時間 T が 10 数年以上であった場合は，

$$1 \ll \left(\frac{a}{c}T\right)^2 \quad \text{であり，} \quad X \approx cT - \frac{c^2}{a} \tag{9.4}$$

と近似できるので，何年も加速し続けて宇宙船が光速に近づくと，その後はほぼ光速のまま移動していくことがわかる。特殊相対論によれば，真空中での光速がこの世の速さの上限なのであるから，これも当然の帰結であろう。

[*2] ここでいう加速度は，宇宙船の搭乗者が感じる加速度（固有加速度）のことであり，地球に残った観測者が測る加速度ではない。地球に残った観測者が測った場合，宇宙船の加速度はしだいにゼロに近づくため，等加速度を維持することは不可能である。

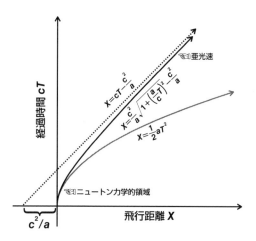

図 **9.1**　加速度一定で飛行する宇宙船の軌跡。黒線が（固有）加速度一定で飛行する宇宙船の軌跡。点線は，距離 c^2/a 後方から同時に出発した光の軌跡。灰色線はニュートン力学で算出した軌跡。宇宙船は当初，ニュートン力学的に飛行するが，最終的に点線を漸近線とした軌跡となる。

　式 (9.1)，(9.3)，そして (9.4) をグラフに描いたものを図 9.1 に示す。宇宙船の軌跡（黒線）は，加速当初ニュートンの運動方程式の帰結とあまり変わらないが，しだいに光速に近づく様子がみてとれる。

　なお，光速は図 9.1 上で斜め 45 度の直線で描かれるため，宇宙船の軌跡がそれよりも傾くことはないが，ニュートンの運動方程式の場合はその制限がなく，時間がたつにつれ軌跡が 45 度を越えて横倒しになっていく。

　ちなみに，宇宙船の出発と同時に，宇宙船後方 c^2/a の距離以上離れた場所から発射された光は，宇宙船には追いつくことができない[*3]。宇宙船の速さは必ず光速より遅いため，追いかける光は少しずつ宇宙船に近づくが，決して宇宙船に届かないのである。たとえば，加速度 a を地球の重力 1 G 程度だとすれば，距離 c^2/a はおよそ 1 光年になる[*4]。宇宙船の地球からの出発を 2020 年元旦だとした場合，地球に対して静止した宇宙船の後方から距離 1 光

[*3]　あるいは，宇宙船が出発して c/a 秒後に，宇宙船が出発した位置から発射された光としても同じである。

[*4]　1 光年ちょうどの場合は $a \approx 9.5\,\mathrm{m/s^2}$ となるので，地球の重力より若干弱めの加速である。

年に置かれた時計をみると 2019 年の元旦を示している。宇宙船が加速を始めると，その時計の針の動きはしだいに遅れてみえ，2020 年元旦以降の映像は宇宙船からみることができない。また，地球も宇宙船の後方に "落下" するので，地球の 2021 年元旦以降の映像も宇宙船からみることができない。これは，ブラックホールに落下する物体を外から眺めると，ブラックホールの表面となる事象の地平面に張りつき，そこで動かなくなるとともに時間も止まったように観測されるのと同等の現象である[*5]。反対に，地球から宇宙船を観察した場合はこのような制限はなく，宇宙船の映像は将来にわたって観測することができる[*6]。ブラックホールの場合と違うのは，宇宙船の加速は任意に制御が可能なので，加速を止めれば "事象の地平面" は消え去り，宇宙船からも将来にわたって時計や地球を観測できるという点だ。ただし，加速を止めたからといってそれまで蓄積された地球に対する宇宙船の移動速度がゼロになるわけではないので，地球上の時計の動きは加速前より遅くなっている。宇宙船の移動速度 V は，式 (9.1) を時間で微分したものであり，

$$V = \frac{\mathrm{d}X}{\mathrm{d}T} = \frac{aT}{\sqrt{1 + (aT/c)^2}} \tag{9.5}$$

となる。時間 T が小さければ，式 (9.5) 右辺の分母は 1 とみなしてよく，ニュートンの運動方程式そのものになる。逆に T が大きければ，分母にある 1 を無視して $V \approx c$ と近似できることが容易にわかるはずだ。

　話を最初に戻そう。「地球時間で 10 年以上かかるが，宇宙船時間では 10 年以下で着く」条件を示すためには，まずは地球時間 T の経過と宇宙船時間 t の経過の換算式が必要である。特殊相対論の時間の遅れの関係式から，

$$t = \int_0^T \sqrt{1 - (V/c)^2} \mathrm{d}T' \tag{9.6}$$

となるが，地球時間が T だった場合の宇宙船の移動速度 V は式 (9.5) で示されているので，式 (9.6) にこれを代入することで，

[*5]　第 6 項参照のこと。

[*6]　とはいうものの，1 G 加速開始から 1 年もたつと，宇宙船はほぼ光速となって宇宙船内の時間の流れが極端に遅くなり，かつ，ドップラー効果による強烈な赤方偏移のため，地球からの観測は事実上不可能になるといってよいだろう。

$$T = \frac{c}{a} \sinh\left(\frac{a}{c}t\right) \tag{9.7}$$

を得ることができる。この式 (9.7) を式 (9.1) に代入すれば，移動距離 X と宇宙船時間 t の関係が求まる。

$$X = \frac{c^2}{a}\sqrt{1 + \sinh^2\left(\frac{a}{c}t\right)} - \frac{c^2}{a} \tag{9.8}$$

道程の半分で加速の方向を逆転させるという設定の場合，半分の位置を境に宇宙船の速度や時間の進み方などが対称となるので，半分の道程だけ考えて，結果を 2 倍にすればよい。10 光年離れた星まで，宇宙船時間でちょうど 10 年かかる場合を考えるならば，その半分を考えて，X を 5 光年とし，t を 5 年とすれば，それに必要な加速度 a が出てくる。実際に式 (9.8) を使って計算してみると，$a \approx 3.07\,\mathrm{m/s^2}$ となるが，これはおよそ 0.31 G である。要するに，地球の重力の 1/3 程度の加速を続けていれば，10 光年先の星に 10 年で着いてしまうわけだ。この加速度は民間の飛行機が離陸時に発生させる水平方向の加速とほぼ同じといえば，何となく想像できるのではないだろうか。もしもこれより加速度が大きい場合は 10 年未満で 10 光年先の星に到着することになるが，もちろんこれは宇宙船時間 t での話であり，光速度を超えて宇宙船が移動しているわけではない。実際，式 (9.7) に $t = 10$ 年，$a = 0.31$ G の加速度を入れてみると，地球時間 T ではおよそ 15 年が経過していることがわかるだろう[7]。

　宇宙船の加速度を変化させた場合の，地球時間 T と宇宙船時間 t の違いを図 9.2 に示す。加速度が小さければ宇宙船が光速近くまで加速されることはないため，T と t の差は小さいが，大きくなるにつれしだいに相対論の効果が現れてくる。「10 光年離れた星まで，宇宙船時間でちょうど 10 年かかる」状態は，図 9.2 の点線と宇宙船時間のグラフが交わった点になり，そのときの加速度がおよそ 0.31 G である。さらに加速度が大きければ，宇宙船時間での到着時間はいくらでも短くなる。1 G 加速ではおよそ 4.9 年だ。人間への負担さえ無視すれば，10 光年先の星に，1 日で到着ということも原理的には

---

[7] $y_1(x) = x$ と $y_2(x) = \sinh(x)$ を考えた場合，$x > 0$ ならば必ず $y_1(x) < y_2(x)$ となることを考えれば，宇宙船時間 t が地球時間 T より必ず小さくなることは明らかである。

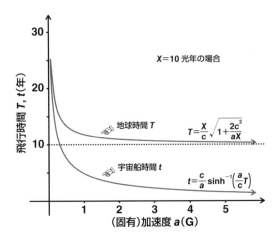

図 9.2 地球時間と宇宙船時間の飛行時間の違い。一定の（固有）加速度 a で飛行する宇宙船が 10 光年先の星に到着するまでの時間を，地球時間と宇宙船時間で示す。横軸が宇宙船の（固有）加速度。加速度が大きいほど到着時刻は早くなるが，宇宙船の速度は光速以下なので，地球時間では 10 年以下にはならない。宇宙船時間では時計の遅れにより，加速度無限大の極限で飛行時間はゼロとなる。

可能となる。ただし，地球時間では "10 年の壁" は絶対に越えられない。宇宙船の搭乗者は若いまま 10 光年先の星に到着し，若いまま地球に戻ってくることができるが，地球に残された人はその間，最低でも 20 年は年をとることになる。

　さてここまでは，地球から目的の星までの距離は一定で，加速度を変化させた場合の話をしてきた。逆に加速度を固定し加速期間を長くしたら，宇宙船はどこまで行けるだろうか？　先ほど 1 G 加速で 10 光年先の星に行く場合，宇宙船時間ではおよそ 4.9 年で着いてしまうと述べたが，では，ほぼ 2 倍の 10 年間宇宙船を飛ばしたら……要するに，加速度は 1 G のままで 5 年間加速し，その後 5 年間かけて減速させたら，宇宙船はどこまで行けるかということである。

　まずは地球からみて，宇宙船が 10 年間飛行する場合を考える。図 9.1 をみながら考えるとわかりやすいが，宇宙船の速さは最初の 2 年間の加速で光速の 90.0%，5 年で 98.2% に達するため，2〜3 年後には "ほぼ光速" となり，そ

の後の速度変化はほとんどみられないと考えてよい。事実，最初の 2 年間で
進める距離は 1.25 光年にしかならないが，その後の 3 年間で進む距離は 2.87
光年（5 年合計で 4.12 光年）となる。加速期間が 5 年でそこから減速に転ず
るのだから，宇宙船は 10 年間で 4.12 年の 2 倍の 8.24 光年先の星に到着する
ことができる。10 年で 10 光年進める光に及ばないのは当然であるが，なか
なか性能のよい宇宙船ではないだろうか？　ちなみに，加速期間が 10 年，減
速期間 10 年で計 20 年間の飛行の場合は，18.16 光年先の星に到着すること
ができる。

　では次に，宇宙船からみて 10 年間飛行する場合を考えてみる。この場合，
宇宙船の速さは最初の 2 年間の加速で光速の 96.82％，5 年で実に 99.99％に
達する*8。地球からみた場合より速くなる理由は，宇宙船の速さが増すにつ
れて宇宙船の時間が遅くなるからである。地球時間で 5 年たった段階で，宇
宙船の時間はまだ 2.3 年程度しか進んでいないため，さらに加速期間が続く
ことになる。さて，地球時間の 10 年間で宇宙船は 8.24 光年先の星まで移動
することができたのであるが，宇宙船時間の 10 年ではどこまで進めるだろ
う？　実際に式 (9.8) を使って計算してみればわかることだが，宇宙船は 10
年で 167 光年先まで進むことができる。さらに 20 年間の飛行の場合は，延び
も延びたり 2 万 9000 光年先まで進むことができる。この距離は，太陽系から
われわれの天の川銀河中心までの距離（2 万 6100 光年）とほぼ同じである。

　地球の場合と宇宙船の場合でこれほどまでに違いが出るのは，地球時間と
比べ宇宙船時間が極端に遅くなるからだ。たとえば，光速の 99.9％の宇宙船
と 99.99％の宇宙船を比べると，速度の差は 0.1％にも満たないが，宇宙船内
の時計の進み方は前者が後者の 3 倍強になる。さらに宇宙船が "慣性飛行" を
しているのではなく "加速飛行" をしている点も重要だ。慣性飛行の場合，時
間が 3 倍違えば飛行距離の差も 3 倍であるが，加速していれば速さもしだい
に増すことになり，速度が増せばますます時間の進みが遅くなる。この効果

---

*8　正確にいうと，宇宙船の速さを宇宙船の中で測ればつねにゼロであるから，この速さは宇宙船
の地球に対する速さのことである。ただし，宇宙船内から地球の落下速度を観測しても正しい値
は得られないので，地球に対して静止していた物体が宇宙船のそばを通過するときの速さを測る
必要がある。

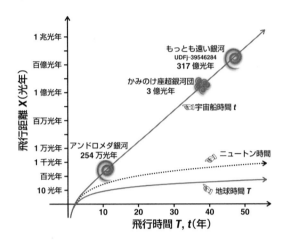

図 9.3 地球時間と宇宙船時間で比べた飛行距離の違い。宇宙船の（固有）加速度を 1 G とし，距離 X の星に到着するまでの時間を，地球時間と宇宙船時間およびニュートンの運動方程式で計算した時間で示す。横軸が宇宙船の飛行時間で，縦軸は飛行距離（指数軸）。

によって，飛行距離の差はさらに広がることになる。

　図 9.3 に，1 G 加速を続けた場合の飛行距離を，地球時間と宇宙船時間双方で示す。参考として，宇宙船の速さがニュートンの運動方程式に従った場合も描画した。地球時間で測った場合，10 年の飛行時間で 10 光年以下の飛行距離しかできないのと同様，50 年の飛行時間ならば 50 光年以下の飛行距離となる。これに対し宇宙船時間の場合，50 年の飛行時間で現在みえている宇宙の果て（450 億光年程度）まで行くことが可能だ。すなわち，1 G 加速を延々と続けられるような宇宙船があれば，宇宙船の搭乗者は生きている間に宇宙内のどこへでも行くことが可能ということになる[2]。

　ただし，いわずもがなではあるが，現代の科学技術ではこのような宇宙船をつくり出すことはとうてい不可能である。われわれがふだん見聞きするロケットは，燃料と推進剤の化学反応で飛ぶロケット（化学ロケット）であり，その加速度は 10 G を超えるが，加速時間はたかだか十数分に過ぎない。一方，小惑星イトカワの砂をもち帰ったことで一躍有名になった「はやぶさ」（MUSES–C）にはイオンエンジンという電気推進ロケットが搭載されている。こちらは 2 年以上の運用が可能だが，その加速度は 0.003 G 程度と非常に小

さい。なお，人類がつくった宇宙最速の "宇宙船" は，冥王星の詳細な写真を撮った探査機ニュー・ホライズンズであるが，その速度は 16 km/s 程度で光速の 0.01％にも満たない。人間が乗る宇宙船を光速に近い速度まで加速するには，どうしても核エネルギーを利用したロケットをつくらねばならず，そこに至るまでの技術的なハードルは気が遠くなるばかりである[*9]。このようなロケットの開発は，今世紀中はもちろんのこと，数百年単位で考えなければならない巨大プロジェクトになるだろう。

　ではいまから数百年後，「宇宙船時間で 1 G 加速が 5 年間続けられる宇宙船」が完成したとする。この宇宙船はおよそ 11 光年先の星に到着することができる。太陽系を中心とした 11 光年の球の中には，太陽系以外の恒星系が十数個程度含まれているので，ここまできてようやく人類は，恒星間移動が可能な文明を獲得したということができるだろう。ところで，5 年間の連続加速が可能な宇宙船をつくる技術ができたのならば，それを 10 倍にするのはそれほど難しくないはずだ。少なくとも 2〜3 倍にするのは簡単そうにみえる。そうすると，人類の宇宙進出——人類に限る必要はないのだが——は近場の恒星系にようやく到着できる文明さえもつことができれば，その後はあっという間に "宇宙全体に" 広がる文明に発展する可能性がある。10 光年の次は 20 光年，30 光年と直線的に文明圏が広がっていくのではなく，100 光年，1000 光年と指数関数的に拡大することになるだろう[*10]。

　ちなみに，宇宙を舞台にした SF の分野では相対論は嫌われることがある。その理由は，相対論を守っていると光速以上に宇宙船を加速できなくなってしまうので，銀河を股にかけて飛び回るような物語がつくりづらくなるからだ。ところが，宇宙船時間で考えるならば，光速という "足かせ" はなくな

[*9]　なお，核エネルギーによるロケット推進の研究は，過去に米国により行われており，核爆弾の衝撃を受けて進む「オリオン計画」（1950〜60 年代），およびレーザー核融合を使う「ダイダロス計画」（1970 年代）があった。後者は光速の十数％まで出せる設計であるが，そもそもレーザー核融合自身がいまだに実用化のめどさえ立っていないため，完全に「絵に描いた餅」状態である。

[*10]　宇宙船のロケットエンジンに技術的な問題がなくなったとしても，宇宙空間を長距離飛行するほど，天体や宇宙塵との衝突にさらされる可能性が高まり，回避時間もとれなくなるため，飛行の困難さは増大する。逆に，それら星間物質を吸い込んで燃料とするラムジェット推進を，飛行途中から活用できるというメリットもあるだろう。

り，宇宙の端から端まで*11飛び回る物語を考えることもできる。図9.3をいま一度見返していただきたいが，光速突破が可能なニュートンの運動方程式による飛行距離の延び方（時間の2乗に比例して増加）よりも，宇宙船時間で考えた飛行距離の延び方（時間がたてば指数関数として増加）の方が，比べものにならないほど大きい。宇宙の端から端まで，一生のうちに進むことができるという夢を難なく提供してくれるのは，無限の速さまで加速可能なニュートン力学ではなくて，光速より速く進むことができないという相対論の方だったというのは，何とも皮肉な話ではないだろうか？

　ただし，これらはあくまで宇宙船時間で考えた場合の話であり，地球時間で考えた場合はそれ相応の時間が過ぎている。20年かけてわれわれの銀河中心まで行き，再び20年かけて生きて地球に戻ってくることは可能かもしれないが，地球ではその間に5万年以上の時間が経過している。知人どころか人類がそこに残っているかどうかすら怪しい。さらに，50年かけて最果ての星に到着したときには，地球時間で数百億年が経過している。仮に往復して地球に戻ってきても，地球はおろか，寿命約50億年といわれる太陽そのものがなくなっているだろう。もっとも，恒星間飛行技術を手に入れた人類が，ずっと地球に留まって活動し続けるというのも不自然なので，人類のほとんどは宇宙船内にいて移動中であり，住めそうな惑星にたどり着いて"数千年程度のわずかな間だけ"立ち寄ったのちに"数万年～数億年以上の移動"を再び開始するのかもしれない。そうすると，宇宙に存在する知的生命体のほとんどは，地球時間で考えた場合，宇宙船で移動中という状態であり，惑星の上で文明を築いているという状態の方が稀なのではないかという気もするが……。とりあえず，妄想はこの程度で止めておく。

　なお，ここでの計算は宇宙の膨張を考慮していない点に留意すべきである。「50年かけて最果ての星に到着」というのは，あくまでも数百億光年の距離を宇宙船が移動したということであり，数百億年後にその星がそこにあることを意味しない。現在，宇宙は加速度的膨張をしていることがわかっている

ので，目的の星に近づくどころか，行けども行けども星が離れていく可能性
がある。長期旅行は計画的に。

参考文献

1) 松田卓也，木下篤哉：『相対論の正しい間違え方』（丸善出版，2001）pp. 74–92.

2) 石原藤夫：『銀河旅行と一般相対論』（講談社，1986）pp. 118–136

10光年先の星は超光速で落下するか？

【正しい間違い10】
10光年離れた星に数年で到着するなら，星は超光速で接近している

「地球から10光年離れた星に宇宙船で向かうとして，到着するまでに何年かかるか？」というのが，前項の問いだった。答えは観測する人の立場によって変わる。地球に残った人の時間（地球時間）で考えれば，宇宙船の速さは決して光速を超えないのであるから，到着までに10年以上かかるのは間違いない。ところが，宇宙船の搭乗者の時間（宇宙船時間）は地球時間に比べて遅れるので，もっと短時間で到着できる。地球時間の5年間を1G加速し，残り5年間を1G減速（逆向きに1G加速）する場合は，目的の星への到着時間は宇宙船時間でおよそ4.9年になる。加速度を大きくすれば，この時間をさらに短くすることができる[*1]。

さて，ここまでの話は，地球に残った人の立場で考えた話であった。宇宙船時間の話も出てきてはいるが，地球に残った人がみれば宇宙船時間は遅れているから，10光年離れた星に10年未満で到達できるという結論を導き出したのであり，宇宙船の搭乗者がこれをどうみるか（感じるか）という話にはなっていない。宇宙船の搭乗者からすれば，宇宙船は止まっており，移動してみえるのは地球と10光年先にある目的の星だ。地球に残った人の立場のみならず，宇宙船の搭乗者の立場でも10光年先の星に10年未満で到着するのは間違いないはずであるから，星は必ず"超光速で落下"する期間がある。これは相対論と矛盾するのではないか？　というのが，今回のテーマである。

[*1]　もちろん，搭乗する人間の負担を考えれば1G以上の加速が連続することは望ましくない。SF的な発想をすれば，高速で回っている連星を用いたスイングバイ航法であるとか，白色矮星なみに圧縮した円盤を宇宙船の居住区前方に置くなどが考えられるが，いずれも絵に描いた餅である。

とりあえず，落下してくるようにみえる星の運動がどうなるかを考えてみよう。発射前の宇宙船と目的の星との距離を L，宇宙船の加速度（固有加速度）を a とし，光速を c とおけば，地球からみた場合の宇宙船と星との間隔 X と地球時間 T の関係は，前章の式 (9.1) より，

$$X = L - \frac{c^2}{a}\left(\sqrt{1 + \left(\frac{a}{c}T\right)^2} - 1\right) \tag{10.1}$$

となる。また，地球からみた場合の宇宙船の速さ V はこれを T で微分した式 (9.5)，さらに地球時間 T と宇宙船時間 t の関係は式 (9.7) であった。なお，ここで示された (X, V, T) は地球に残った人の立場のものであるので，これらを宇宙船の搭乗者の立場 (x, v, t) で記述した式が必要になる。たとえば式 (9.5) の地球時間 T に式 (9.7) を代入し，符号をマイナスにすれば，

$$v = -c\tanh\left(\frac{a}{c}t\right) \tag{10.2}$$

となるので，これが宇宙船時間 t で表した目的の星の速さ v である……という間違いを犯しやすい。正しい答えを導く前に，まずは地球からみた場合の宇宙船の速さの "曖昧さ" について述べておこう。

宇宙船に限らず飛行機でも自動車でもよいのであるが，われわれはこれら乗りものは変形しないとみなし，どの部位の速さを測っても同じという前提で話を進めている。物理的にいえば，暗黙のうちに剛体を仮定しているわけである。ニュートン力学の場合はこれで問題ないが，相対論では相対速度をもった物体はローレンツ収縮をするので，剛体という概念がそもそも成り立たない[*2]。たとえば光速の 80% で飛ぶ宇宙船はもとの長さの 6 割に縮んでいる。ただし，光速の 80% であったとしても，等速運動ならば，宇宙船は縮んだ形を保持しており，それはそれでどの部位の速さを測っても同じなのであるが，加速中の場合は "しだいに縮みつつある" 宇宙船の速さを求めなければならない。縮みつつあるということは，船首と船尾の速さが異なっていると

[*2] 宇宙船内からみて，宇宙船の大きさがずっと変化しない状態のまま加速することは可能で，そのような物体のことを「ボルンの剛体」という。ただし，外部の観測者からみれば宇宙船は縮んでいくし，宇宙船の各部位の加速度が異なっているなど，ニュートン力学でいう剛体とはまるで異なったものになる。これは次項以降で解説する。

いうことなので，宇宙船のどの部位の速さなのかを指定する必要がある．相対論の教科書でもこの手の話はあまり話題にのぼらないが，それは，宇宙船の大きさが小さいからである．たとえば，宇宙船の長さを 100 m とし，光速の 80% に達する時間がわずか 1 秒だとするならば，宇宙船は 40 m/s で縮まなければならないが，24 万 km/s（光速 80%）の変化に比べたら無視してよいレベルなのは容易にわかる．それ以前に，急激な加速で生じる宇宙船の変形の方が問題になるだろう．よって，加速中における宇宙船の，ローレンツ収縮による縮み具合に関しては，よほどのことがない限り無視してかまわない．

　これらを踏まえて，宇宙船の搭乗者がみた目的の星の速さ v について考えてみる．目的の星自身はローレンツ収縮しているはずだ．地球もしかりである．星は宇宙船に比べればたしかに桁違いに大きいが，いま考えているのはそういう矮小な話ではない．宇宙船の搭乗者の立場では，動いているものは宇宙にあるありとあらゆるものになるので，ローレンツ収縮するのは宇宙全体なのである．要するに，地球からみた場合は，宇宙船 “のみ” がローレンツ収縮をするが，宇宙船からみた場合は，宇宙 “全体” がローレンツ収縮するようにみえる．よって，

$$x = \sqrt{1 - V/c)^2}\, X = \left(L + \frac{c^2}{a} \right) \mathrm{sech} \left(\frac{a}{c} t \right) - \frac{c^2}{a} \tag{10.3}$$

という関係が成り立つ．図 10.1 に，発射前の宇宙船と目的の星との距離 L を 2.5 光年ずつ変えた場合の，星までの距離 x と経過時間 t との関係を示す．宇宙船の加速度は 1 G に固定している．10 光年先の星であっても，距離 x がゼロになる……すなわち宇宙船が星に到着するのはおよそ 3 年でよいことがわかる．ただし，図 10.1 は 1 G 加速を続けた場合のグラフなので，そのままでは星に着陸できず激突してしまう．5 光年先の星について注目すると，およそ 2.5 年で距離ゼロになることがわかるので，ここから 1 G 減速（逆向きに 1 G 加速）すれば，10 光年先の星に相対速度ゼロでたどり着ける．10 光年先の星への到着時間が宇宙船時間でおよそ 4.9 年になるというのはこういうことである．余談であるが，宇宙船を通り過ぎて落下する星々は，距離 c^2/a 下方にしだいに近づくことになり，それ以上は宇宙船から離れていかない．$a = 9.8\,\mathrm{m/s^2}$ を代入すれば，この距離は 0.97 光年程度となる．

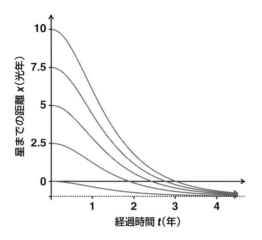

図 10.1 1 G 加速で飛行する宇宙船からみた星の軌跡。1 G の（固有）加速度で飛行する宇宙船内からみた場合，目的の星は宇宙船に落っこちてくるようにみえる。距離 c^2/a（≈ 0.97 光年）以上向こうから落下する星の落下速度は，途中で光速を超える。また，宇宙船を通り過ぎた星の落下速度は，距離 $-c^2/a$ でゼロとなる。

　さて，そもそも知りたかったのは，宇宙船からみた場合，落下してくる星はどのような速さ v で近づくのかということであった。これは，(10.3) を t で微分すれば得られる。すなわち，

$$v = \frac{\mathrm{d}x}{\mathrm{d}t} = -\frac{a}{c}\left(L + \frac{c^2}{a}\right)\operatorname{sech}\left(\frac{a}{c}t\right)\tanh\left(\frac{a}{c}t\right) \tag{10.4}$$

という少々複雑な式となるが，この v はある時刻で最大値をもつ。図 10.1 をみれば一目瞭然だが，星の落下速度は当初はゼロであり，その後しだいに速くなって，宇宙船のそばを通り抜けた後，距離 c^2/a 下方で再びゼロになるのだから，その途中で最大速度 $v_{\max}$ が存在する。$v_{\max}$ は，$\mathrm{d}v/\mathrm{d}t = 0$ の条件より，

$$v_{\max} = -\frac{a}{2c}\left(L + \frac{c^2}{a}\right) \tag{10.5}$$

となる。要するに，

$$L > \frac{c^2}{a} \tag{10.6}$$

という条件ならば，$v_{\max}$ は光速 c を超える。1 G の加速度で 10 光年先の星

の落下をみた場合は，星の落下速度は 5.7c 程度まで大きくなるということである。ここで，式 (10.4) に式 (10.3) を代入すると，

$$v(x,t) = -\frac{a}{c}\left(x + \frac{c^2}{a}\right)\tanh\left(\frac{a}{c}t\right) \tag{10.7}$$

となることがわかる。なお，式 (10.7) の v は，宇宙船から距離 x 離れた場所において，宇宙船加速開始から時間 t 経過後の星の速さを表しており，$v(x,t)$ と記述した。ここで，$x = 0$ とすれば，式 (10.7) は式 (10.2) に一致する。式 (10.2) は "宇宙全体のローレンツ収縮" を考慮していない式であり，宇宙船と星との間隔 x がゼロで，その間のローレンツ収縮を考えなくてよいときだけ一致するのである。図 10.1 を用いて説明すれば，式 (10.2) は，星々の落下の軌跡が x 軸と交わったときの傾きを表していることになる。さらに式 (10.7) は，

$$v(x,t) = \left(1 + \frac{a}{c^2}x\right)v(0,t) \tag{10.8}$$

とすることができる。宇宙船の目の前を流れていく星の速さ $v(0,t)$ を基準とするならば，距離 c^2/a 下方では $v(-c^2/a,t) = 0$ であり，逆に距離 c^2/a 上空に上がるごとに星の落下速度が 2 倍，3 倍と増えていく。仮に $v(0,t)$ が光速の半分だったとすると，c^2/a 上空の星は光速で落下（すなわち，$v(c^2/a,t) = c$）し，$2c^2/a$ 上空の星は光速の 1.5 倍で落下してくるわけである[*3]。問題は，このような星の超光速落下が相対論に反するか否かということだ。

　地球に残った人の立場では，宇宙船はロケットエンジンの推進力で宇宙空間を移動していると考えるが，宇宙船の搭乗者の考えはまったくの逆で，宇宙船のエンジンは宇宙空間に静止するためにあると考える。地球や目的の星を含む宇宙の星々は，エンジンがないので落下しているのだ。たとえば，地球に住んでいるあなたがヘリコプターで空中にいるとして，そのとき空からリンゴが落ちてきたらどう思うかを考えてみてほしい。「ヘリコプターは空中に止まっていて，リンゴは落ちている」と結論づけるのではあるまいか？そしてその根拠は，「地球には重力があるから」であろう。同様に，宇宙船の搭乗者は「宇宙全体には重力があるから」と考えるわけである。さらにいえ

[*3]　なお，$v(0,t)$ 自身は，時間 t がどれほど大きくなろうとも，決して光速 c を超えることはない。それは式 (10.2) からも明らかであろう。

ば，宇宙全体に広がる重力場（一様な重力場）は，宇宙船のエンジン出力を変えるスロットルレバーで変えることができる。宇宙船の搭乗者にとってこのレバーは，エンジンのスロットルレバーではなく，重力発生レバーなのである。このレバーを使って重力を1Gにセットすると，宇宙全体に重力が発生するが，そのままでは宇宙船も重力場中を落下してしまうので，それに抗するために"付加的に"エンジン出力を1Gにセットしているわけだ。

さて，地球上の場合でもそうであるが，重力場中では上下の差によって時間の進み方が異なる。2段ベッドに寝ている双子は，上に寝ている方が下で寝ている方よりも早く年をとる。同様に，宇宙船の搭乗者が感じる宇宙全体に広がる重力場についても，上に行くほど時間の進みが早くなる。宇宙船がある場所の時間を $t(0)$ とし，宇宙船から距離 x だけ離れた場所の時間を $t(x)$ とするならば，

$$t(x) = \left(1 + \frac{a}{c^2}x\right)t(0) \tag{10.9}$$

である。要するに式 (10.8) と同じ形である。距離 c^2/a 上空に上がるごとに星の落下速度が2倍，3倍と増えていくのは，その場所での時間の進み方が2倍，3倍と速くなっているからだ。さらに，その場所の光速も2倍，3倍と速くなっており，星の落下速度がその場の光速を超えているわけではない。

では次に応用問題として，1G加速で10光年先の星へ行き，再び地球へ戻るまでの軌跡を宇宙船の搭乗者の立場で描くことを考えてみよう。いわゆる「双子のパラドックス」の設定である。これら全行程を図10.2に示す。旅路の初めの加速期間（0〜2.5年弱）は図10.1と同じグラフだ。目的の星が超光速で落ちてくることはすでに述べた。この間，地球は距離 c^2/a 下方にできた"壁"に向かって落ちていくだろう。壁の位置は変化しないので，上空から降ってきた星々は壁に向かってしだいに圧縮されていくことになる。このまま加速を続ければ目的の星を通り過ぎてしまうので，途中で減速（逆向きに加速）を始めることになるが，このとき，目的の星と地球との関係が逆転し，地球が上空にあり，目的の星が下方にある状態となる。宇宙船の搭乗者からすれば，エンジンのスロットルレバーは重力発生レバーなので，宇宙全体の重力場が逆転したと考える。地球出発時と違うのは，2つの星とも重力場中

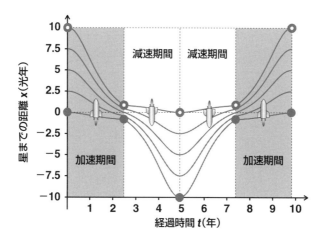

図 10.2　1 G 加速で星間を往復する宇宙船。1 G 加速を続けたまま 10 光年先の星まで往復する場合の，目的の星と地球の軌跡を表したグラフ。宇宙船の搭乗者からみれば，2 つの星は一度接近してから再び離れていくようにみえる。

を上昇しているという点だ。とくに地球は，宇宙全体の重力場に逆らって上昇しているにもかかわらず，しだいに上昇速度が増し，途中から超光速で上昇し始めるという奇妙な現象が発生する[1]。そして，地球の上昇が止まるのと同時に，宇宙船は目的の星に到着する。帰り道は，地球と目的の星を入れ替えて考えればよい。

　宇宙船の搭乗者からすると，これで "旅行をした" という気分になるかというと，少し微妙な気がする。目的の星は勝手に超光速で落っこちてきたことになるし，地球も勝手に超光速で上昇して離れたわけである。宇宙全体をぎゅっと圧縮し，その後伸張したら勝手に移動が完了していたという感じであろう。まるでシャクトリムシにでもなったかのような移動の仕方である。要するにこれが "宇宙全体のローレンツ収縮" という状態[*4]であるが，ご理解いただけたであろうか？

　ちなみに，地球や目的の星が超光速で落下，あるいは上昇しているときは，その星の時計もせわしなく回っているときである。たとえば，宇宙船の搭乗

[*4]　第 3 項の「宇宙を一周する双子のパラドックス」も参照のこと。

者にとって地球時間があっという間に過ぎるのは，図 10.2 の減速期間のとき
である。よく見かける「双子のパラドックス」の設定では，このような加減
速期間……とくに，星が超光速で移動している状態を無視することが多いた
め，パラドックスになっている場合が多い。

　さて，ここから先は余興になるのだが，宇宙船の搭乗者が目的の星や地球を
望遠鏡で観測して，その距離をどう見積もるかという話をしておく。われわ
れは日常的に視野角の大きさでこれを判断している。同じ大きさのものなら
ば，近くにあれば大きくみえ，遠くにあれば小さくみえる。さすがに十数光
年向こうの星までの距離を視野角の大きさで知るのは無理があるが，非常に
高性能な望遠鏡でそれが可能だとしよう[*5]。また，星そのものではなく，星
雲などの大きな天体ならば視野角の観測は十分に可能である。宇宙船の搭乗
者は，実測した天体の大きさの変化から，その距離をどのように算出するだ
ろうか？

　具体的に計算してみよう。天体の半径 R は既知であるとし，その視半径を
θ_v とすれば，

$$\tan\theta_v = \frac{R}{x_v} \tag{10.10}$$

という関係から，天体までの距離 x_v が求められる。x と θ の添字 v は式 (10.2)
の v に相当する。もちろん，式 (10.7) の $v(0,t)$ に相当するといってもよい。
なぜ添字が必要かというと，宇宙船の速さによって，天体の視半径が変わるか
らだ。たとえば，雨の中を走ると，雨が前方から降ってくるようになる。速
く走れば走るほど雨は前方に集中する。天体から降ってくる光についても同
様で，天体に向かって走ると，光がより狭い範囲からくるようにみえる（光
行差現象）。すなわち，視半径 θ_v は小さくなり，天体は遠ざかったようにみ
える。その "見かけの距離" が x_v なのだ（図 10.3）。ここで，光の落下角度
という観点から視半径 θ_v を考えると，

$$\tan\theta_v = \frac{c\sin\theta_0}{c\cos\theta_0 - v}\sqrt{1-(v/c)^2} \tag{10.11}$$

[*5] 光学的なドーズ限界やレイリー限界をいい始めるとさらにややこしくなるので，ここで述べる
のはあくまでも幾何光学的な話である。

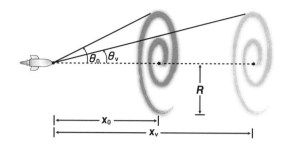

図 10.3　移動する宇宙船から測る天体までの距離。移動しながら天体を観測すると，光行差現象により天体の見かけの大きさが変化するため，その見かけの距離も変化する。

と表すことができる。θ_0 は宇宙船と天体との相対速度がゼロだった場合の視半径だ。ニュートン力学ならば式 (10.11) 右辺のルートは不要であるが，相対論ではローレンツ収縮の効果を考えねばならない。そして，式 (10.10) と式 (10.11) を組み合わせると，天体までの実際の距離となる x_0 がどのようにみえるかを算出でき，

$$x_v = \frac{1 - (v/c)\sqrt{1 - \tan^2\theta_0}}{\sqrt{1 - (v/c)^2}}x_0 \tag{10.12}$$

という少々ややこしい式になるが，$\tan\theta_0 \ll 1$ であると考えれば，

$$x_v = \sqrt{\frac{c - v}{c + v}}x_0 \tag{10.13}$$

となる[*6]。なお，この式は相対論的なドップラー効果を表した式 (3.1) とまったく同じである。目的の天体に向かう段階の場合，v はつねに負であるから，つねに $x_v > x_0$ という関係が成り立つ。したがって，天体に向かうために加速を開始すると，天体が遠ざかって "みえる" という，一見すると矛盾した状況が発生する。式 (10.13) 右辺にある v と x_0 は，式 (10.2) と式 (10.3) で算出済みであるから，

[*6]　たとえば地球からみた太陽の視半径を考えると，$\tan\theta_0 = 0.0047$ 程度で，この近似は妥当であることがわかる。なお，前著『相対論の正しい間違え方』[2)] では同様の計算を立体角の変化から求めており，この場合，近似計算は必要ない。立体角を用いる方法の場合，全天を覆い尽くすような天体があったとしても立体角が 2π で有限だが，今回の方法だと，無限大の大きさの天体でようやく全球の半分を覆い尽くすことになるため，このような差が出る。まあ，実際問題としては，どちらで考えても差は出ない。

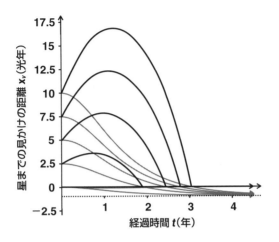

図 10.4 1 G 加速で飛行する宇宙船からみた星の見かけの軌跡。1 G の（固有）加速度で飛行する宇宙船内から，望遠鏡などを用いて天体を観測した場合，光行差現象により星の見かけの大きさが変わり，結果的に位置が変化してみえる。黒線がこの "見かけの" 位置。灰色線が実際の位置である。

$$x_v = \sqrt{\frac{1 + \tanh((a/c)t)}{1 - \tanh((a/c)t)}} \left(\left(L + \frac{c^2}{a}\right) \operatorname{sech}\left(\frac{a}{c}t\right) - \frac{c^2}{a} \right) \tag{10.14}$$

とすれば，宇宙船の搭乗者が目的までの距離をどう見積もるかがわかる。1つ注意が必要なのは，式 (10.14) は天体がこちらに近づいてくる段階では使えるが，通り過ぎた後も使うためには変形しなければならない。具体的にはルート内の符号を逆にしてやる必要がある[*7]。

式 (10.14) を用いて作成した，宇宙船からみた場合の天体までの "見かけの距離" を図 10.4 に黒線で示す。灰色線は天体までの実際の距離であり，図 10.1 とまったく同じグラフである。見かけの距離は宇宙船が加速開始後に急激に遠ざかり始め，その後反転して急激に近づくことがわかる。そして，その接近速度は距離が近づくにつれてしだいに増していく。

目的の天体や地球は宇宙船の脇を通過した後「距離 c^2/a 下方にできた "壁" に向かって落ちていく」と，先に述べたのであるが，見かけの位置は，ほとんど宇宙船から離れていかないことになる。要するに，視半径がほとんど変化

[*7] 救急車が近づくときの音と遠ざかるときの音で，ドップラー効果の符号が逆になるのと同じ。

しない。とくに地球の軌跡を考えると，当初，しだいに下方へと落ちていったかと思うと途中から再び宇宙船へと近づくようにみえる。実際には，距離 c^2/a 下方の壁に向かっているにもかかわらずにである。

　なお，この議論では，天体の色の変化についてはふれていない。天体がこちらに向かってくるときは相当の青方偏移をしており，宇宙船の脇を通過して下方へ向かうときは逆に極端な赤方偏移に転じるはずだ。式 (10.14) は，宇宙船がずっと同じ加速をし続けている場合の式であり，「双子のパラドックス」のように，途中で加速方向を変えたならば，天体の見かけの位置や色についても状況に応じて変わる。いろいろなシチュエーションでみえ方を想像してみるのも一興である。

参考文献

1) 木下篤哉：パリティ 2013 年 11 月号 58 ページ.

2) 松田卓也，木下篤哉：『相対論の正しい間違え方』（丸善出版，2001），pp. 189–198.

長大宇宙船はローレンツ収縮するか？

【正しい間違い 11】
加速度運動中の物体も速度に応じたローレンツ収縮をする

　前項では，宇宙船のローレンツ収縮は無視できる大きさとして，宇宙船からみた宇宙全体のローレンツ収縮について議論した。今度は逆に，宇宙船自体のローレンツ収縮について議論してみよう。本来ならば宇宙船も，その速度に応じたローレンツ収縮をするはずだが，加速度運動中や運動直後の場合は必ずしもそうならない場合がある。そもそもローレンツ収縮が不可能な加速もある*1。

　大きさをもつ物体が等速直線運動をしているとき，物体の速度は "すべての部位で同じ" である。どの部位の速度も同じだからこそ，物体は形を変えずに移動できる。マラソン集団を考えるとわかりやすいが，先頭を走るランナーから最後尾を走るランナーまで走る速さが同じならば，その集団は全体の形を保ったまま走っていくはずである。ところが実際は，先頭のランナーがスパートをかけたり，後続ランナーが疲れて脱落したりして，集団はバラバラになったり，それとは逆にバラバラで走っていたランナーたちが集団を形成したりする。このような "変形" は，ランナー同士に速度の差があるからこそ生じるのである。

　物体が加速度運動中もローレンツ収縮するならば，物体の速度はしだいに大きくなるのであるから，時間が進むにつれてしだいに縮み方が大きくなる。縮む状況としては，大きく分けて 2 通り。1 つ目は物体前後の出発のタイミングが異なっており，前部の移動開始より後部の移動開始が早い場合である。

---

*1　これらの話は前著『相対論の正しい間違え方』[1] においても軽く議論しているが，その後，さまざまに論争もあったため，いま一度詳細に述べておく。

114

2つ目は，前部の速度より後部の速度が速い場合で，先頭を走るランナーに後続のランナーが追い上げてくる状況である。

前者の場合は，たとえば金属棒の後端をハンマーで叩くことを考えてみればよい（図 11.1）。叩いた衝撃が前端に伝わる速度は音速であり時間がかかるため，後方が動き出しても前方はまだ止まったままだ。要するに，この物体は必ず一度縮むのである[*2]。さらに衝撃が前端まで達したら終わりではない。衝撃はそこで逆向きにゆり戻されるため，物体は前後に固有振動をしながら移動を始める。金属棒を叩くとその材質や長さに応じた音が出るのはそのためだ。振動が減衰した後，金属棒の長さは移動速度に応じてローレンツ収縮をしている。収縮といっても，ハンマーの打撃で金属棒が"変形"したわけではない。もとの慣性系からみると，打撃後に一定の速度を得たため，そ

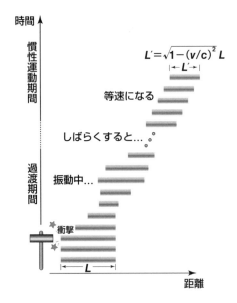

図 11.1　ハンマーで叩いた金属棒の動き。金属棒の後端をハンマーで叩くと，その衝撃は前端まで音速で伝わり，その後振動する。振動が減衰した後は，一定の速度で移動し，金属棒は速度に見合ったローレンツ収縮をしている。

[*2]　ニュートン力学では，まったく変形しない剛体という概念が登場する。剛体はハンマーの衝撃が瞬時に全体に広がる音速が無限大の物体であり，当然ながら相対論ではこのような物体を想定することはできない。

の速度に応じたローレンツ収縮をしているのである。仮に金属棒に乗った人からみれば，打撃直後の金属棒の振動が収まれば，最初の長さに戻っているのが観測されることになる。

　ただし，ハンマーで叩いた後にローレンツ収縮で短くなっている金属棒を，われわれは日常生活で見いだすことができない。日常で経験する速度は光速に比べ遅すぎるため，変化を検出することができないからである。自動車が高速道路を走れば原子1個分くらいはローレンツ収縮で縮んでいる計算になるのだが，検出は不可能であろうし，それよりも車体の弾性振動による伸び縮みの方が桁違いに大きいことは容易に想像できる[*3]。では，物体に衝撃を与えたときのローレンツ収縮の効果はつねに無視して構わないかというと，分野によってはそうともいい切れない。たとえば，原子核衝突実験などの分野である[2]。

　大型加速器で原子核を加速し衝突させる実験は素粒子研究に欠かすことができないが，その衝突過程を実際に記録することはもちろん，コンピューターで衝突過程をシミュレートさせ，どういう反応が起きているか知ろうという試みも並行して行われている。これを核内カスケード計算という。要するに，コンピューター上で衝突の一部始終を再現させ，それが実際の実験結果と酷似していれば，実際に起こった核子同士の反応をモデリングできたと考えるのである。ここで登場する核子はほぼ光速で動いており，衝突後に進路を90度変えることもある。それもほぼ光速を保ったままである。この衝突が目の前で起こったとしよう。核子同士はローレンツ収縮で円盤のように平たくなっており，衝突前後で瞬間的に向きを変える。すると，目の前で縦に平たい円盤だったものが，いきなり横に平たい円盤になって飛び去っていくことになる。円盤の中心部はよいとして，核子の端は超光速で移動することになるだろう（図11.2）。また，衝突される側の核子（標的核）は，最初は丸いが，そこにローレンツ収縮のため平たく潰れた核子（入射核）が衝突してくることになる。反対に，衝突してくる核子に注目するならば，標的核と入射核の立場が逆転することとなり，どちらの立場をとるかによって，衝突を開始する

[*3]　LIGO や LCGT（KAGRA）などの重力波検出装置はそのレベルの伸び縮みを検出している。

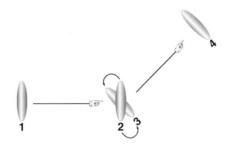

図 11.2 核子の方向転換。核子がほぼ光速で $1 \rightarrow 2 \rightarrow 3 \rightarrow 4$ と移動する。$2 \rightarrow 3$ で進路変更しているが，この過程が瞬間的に行われるのであれば，核子の端は超光速移動をしていることになる。

核子の部位であるとか，衝突時間が変わる。核内カスケード計算を行うとき，この過程をうまく取り扱わないと，慣性系を乗り換えただけで，衝突反応の結果が変わってしまうということにもなりかねない。少なくとも，衝突後に"一瞬で"方向転換することはありえない。

話をミクロな核子の世界からマクロな金属棒の世界に戻そう。ハンマーで叩いた直後の振動過程を考慮すると話がややこしくなるので，ハンマーの衝撃を小分けにして小さくし，叩く前と振動が収まった後の時間間隔 Δt とその速度増加分 Δv だけを考えることにする。さらに話を大きくし，金属棒を宇宙船として考えれば，ハンマーの打撃は宇宙船自体による間欠的なロケットエンジンの推進剤噴射となる。ただし，この Δt と Δv は宇宙船の乗員の視点によるものであり，もとの慣性系にいる外部の観測者からみれば，噴射の間隔は時間の遅れによりしだいに大きくなり，1回の噴射による速度増加はしだいに小さくなっていく。

まず，宇宙船発射前の慣性系に留まる外部の観測者が計測した，宇宙船の $n+1$ 回目の噴射の時間間隔 ΔT_{n+1} は，

$$\Delta T_{n+1} = \frac{\Delta t}{\sqrt{1 - V_n^2/c^2}} \tag{11.1}$$

となる。ここで V_n は外部の観測者が計測した，n 回噴射後の宇宙船の速度である。外部の観測者にとっては V_n が大きくなるほど，宇宙船の乗員がもつ時計が遅れるので，その間隔はしだいに間延びしたものとなる。

　続いて，外部の観測者が計測した，$n+1$ 回目の噴射後の宇宙船の速度 V_{n+1} がどうなるかであるが，もちろん単純に $V_n + \Delta v$ とはならない。そこは相対論的な速度の合成則を使用して，

$$V_{n+1} = V_n + \Delta V_{n+1} = \frac{V_n + \Delta v}{1 + V_n \Delta v / c^2} \tag{11.2}$$

すなわち，

$$\Delta V_{n+1} = \Delta v \frac{1 - V_n^2/c^2}{1 + V_n \Delta v / c^2} \tag{11.3}$$

となる。ここで ΔV_{n+1} は，外部の観測者が計測したときの速度の増加量を表しており，式 $V_0 = 0$ ならば，$\Delta V_1 = \Delta v$ となることがわかる。

　ここで，この宇宙船の $n+1$ 回目の噴射時の加速度を考えてみよう。単純に考えると，宇宙船の乗員の立場では $a = \Delta v / \Delta t$ でありつねに一定で，外部の観測者の立場では $A_{n+1} = \Delta V_{n+1} / \Delta T_{n+1}$ だとするのが妥当である。A_{n+1} を求めるには，式 (11.1) と式 (11.3) を使えばよく，

$$A_{n+1} = \frac{\Delta V_{n+1}}{\Delta T_{n+1}} = \frac{\Delta v}{\Delta t} \frac{(1 - V_n^2/c^2)^{3/2}}{1 + V_n \Delta v / c^2} \tag{11.4}$$

となる。また，ここでは，$n+1$ 回目の噴射ということで n および $n+1$ の添字がつけられているが，ここに入る数値は任意で成り立つのであるから，省いてしまっても構わない。後は，この差分の極限として微分形式にすれば，

$$A = \frac{dV}{dT} = a(1 - V^2/c^2)^{3/2} \quad ただし，\quad a = \frac{dv}{dt} \tag{11.5}$$

が成り立つ。さらに，外部の観測者がみる宇宙船の速度 V および移動距離 X を導けば，

$$V = \int A \, dT = \frac{aT}{\sqrt{1 + (aT/c)^2}} \tag{11.6}$$

$$X = \int V \, dT = \frac{c^2}{a} \left(\sqrt{1 + (aT/c)^2} - 1 \right) \tag{11.7}$$

となることがわかるだろう。なお，この結論は，第 9 章の式 (9.5) と式 (9.1) の導出になっている[*4]。

[*4]　第 9 項の場合，外部にいる観測者がみる宇宙船の移動距離 X である式 (9.1) を先に書き，それを微分して式 (9.5) としているが，本来ならば，加速度 A を積分するこちらのやり方が道筋としては正しいだろう。

続いて，n + 1 回目の噴射後の宇宙船の長さを L_{n+1} とするなら，直前の噴射からの収縮分 ΔL_{n+1} は，

$$\Delta L_{n+1} = L_n - L_{n+1} = \left(\sqrt{1 - V_n^2/c^2} - \sqrt{1 - V_{n+1}^2/c^2} \right) L_0 \qquad (11.8)$$

となる[*5]。そうすると，宇宙船の "ローレンツ収縮速度" は，$U = \Delta L_{n+1}/\Delta T_{n+1}$ で表されることになり，式 (11.1)，式 (11.2) を代入すると，

$$U = \frac{\Delta L}{\Delta T} = \left(1 - \frac{\sqrt{1 - \Delta v^2/c^2}}{1 - V \Delta v/c^2} \right) \frac{1 - V^2/c^2}{\Delta t} L_0 \qquad (11.9)$$

が成り立つ。なお，n は任意に成り立つので省略した。ここで $\Delta t \to 0, \Delta v \to 0$ の極限をとれば，

$$U = \frac{aV}{c^2}(1 - V^2/c^2)L_0 \quad \text{ただし，} \quad a = \frac{dv}{dt} \qquad (11.10)$$

となる。ここからわかることは，宇宙船の加速当初の収縮速度 U は，ほぼ宇宙船の速度 V に比例して上昇していくが，ある程度，宇宙船の速度が大きくなると $(1 - V^2/c^2)$ が効いてくるため，収縮速度は再びゼロに近づくということである。宇宙船の長さは有限なのであるから，いつまでも縮み続けるのが不可能であることは容易に想像できるだろう。ここで，収縮速度の極大値 U_{max} を得るため，$dU_{max}/dT = 0$ の条件を課せば，

$$U_{max} = \frac{2a}{3\sqrt{3}c}L_0 \quad \text{ただし，} \quad V = \frac{c}{\sqrt{3}} \approx 0.58c \text{ のとき} \qquad (11.11)$$

となるのがわかる[*6]。

さて，宇宙船の速度 V とその収縮速度 U の関係がわかったので，ここから宇宙船全体の速度を考えることができる。とはいえ，宇宙船の速度 V とは「どの部位の速度か？」によって話が変わってくる。また，任意のある部位を V と仮定した場合，それ以外の部位は当然ながら速度 V ではないので，「速度 V の宇宙船がローレンツ収縮したときの長さ L」という設定自体が実に曖昧なものになる。これらの疑問は，すべての部位が等速度運動をしている宇

[*5] これは収縮分の長さなので，縮む方が正となるようにしている。

[*6] もう一つの極値の条件に $V = c$ があるが，これは無限時間後の $L = 0$ のときの解である。

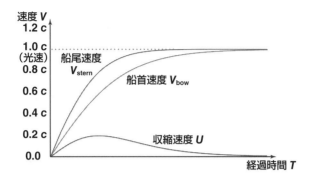

図 11.3 宇宙船船首が等加速度運動をしたときの各種速度。宇宙船の船首が等加速度運動をし，宇宙船がその船首速度に応じたローレンツ収縮をすると仮定した場合の船尾の速度と，宇宙船自体の収縮速度。各経過時間における船首速度と収縮速度の和が船尾速度となる。

宙船では起こり得ず，加速度系の考察だからこそ登場する疑問といえるのであるが，とりあえずここではこれ以上は深入りせず，宇宙船の速度 V は宇宙船の船首速度 V_{bow} だと仮定する。そして，宇宙船が船首速度 V_{bow} に応じたローレンツ収縮をすると仮定するなら，船尾速度 V_{stern} は，船首速度 V_{bow} に収縮速度 U を加えた速度（すなわち，$V_{\mathrm{stern}} = V_{\mathrm{bow}} + U$）になるだろう（図 11.3）。

　ここでもう一度，式 (11.11) をみていただきたい。この式の $U_{\max}$ は宇宙船の最大収縮速度とでもいうべきものだが，静止時の宇宙船の長さ L_0 と宇宙船の固有加速度 a に比例していることがわかる。L_0 や a は理論的には任意にいくらでも大きくできるので，収縮速度 $U_{\max}$ は条件しだいで光速を超えることになる。すなわち，この式を信じるなら，ローレンツ収縮速度が光速を超えてしまう可能性がある。さらに，宇宙船の船尾速度の場合，この収縮速度に船首速度が加味されるのであるから，ますます光速を超えやすくなるだろう（図 11.4）。

　はてさて，これは一大事だ。とくに無理な設定や突飛な考察はしていないはずなのに，宇宙船の速度が光速を超えてしまったことになる。どこかにミスがあるのだろうか？

　結論からいってしまえば，計算の過程にミスはない[*7]。つまり『宇宙船の

[*7]　……と思いたい。

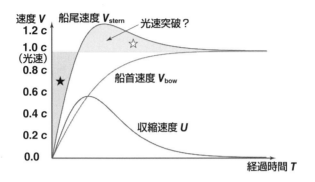

図 11.4 宇宙船の収縮速度が大きい場合。宇宙船の長さや加速度が大きい場合，宇宙船が
ローレンツ収縮するには，その船尾速度は光速を超える必要があるが，現実には宇宙船が
引き伸ばされることになる。

船首速度に応じたローレンツ収縮が "実際に起こる" と仮定するならば，船尾
の速度が光速を超える場合がある』という事実をたんに示しているだけのこ
とである。そして，このようなローレンツ収縮は "実際には起こらない" ので
あり，宇宙船の船首がこのように動いたのであれば，船尾はそれに対応した
縮みを継続することができず，宇宙船は途中で必ず引き伸ばされることにな
る。場合によっては引き裂かれてしまうだろう。もとの慣性系に残った外部
の観測者にとって，この光景はとても奇異なものに感じるに違いない。光速
は突破できないにせよ，船尾速度はつねに船首速度より速く，宇宙船はしだ
いに縮んでいく。にもかかわらず，船体が引き伸ばされ，引き裂かれるわけ
である。仮に，宇宙船の中央部が伸縮自在の蛇腹状になっていたとするなら
ば，船体が縮んでいく一方で，蛇腹は開くことになる。

　なお，どうしても引き伸ばされるのがイヤならば，少々強引ではあるが対策
がなくはない。船尾速度が超光速で縮む必要が出てくるのは，船首速度が大
きくなってからであり，出発当初はまだ余裕がある。この初期の段階で船尾
を猛加速させ，あらかじめ縮めておくのである。もちろんこの縮みは，ロー
レンツ収縮分より余計に縮ませるものだ[*8]。引き伸ばされるのがイヤならあ

[*8]　たとえていえば，子どもの教育資金を子どもが小さいうちに貯金しておいて，高校・大学と一
　　番お金がかかる時期に備えておくようなものである。

らかじめ縮めておけという，かなり乱暴な方法であるが，これにも限界がある。いくら船尾に強力なエンジンを取りつけたとしても，出せる最高速度は光速である。すなわち，出発直後にほぼ光速にするのが精いっぱいで "貯金" できる期間は短い。もしも，その後の "散財期間" に貯金を食いつぶしてしまったならば，もはや取り戻すチャンスはない。

いま一度，図 11.4 をみていただきたい。仮に船尾が出発直後から猛ダッシュし，直後にほぼ光速に達して縮み分を貯金すると仮定すれば，この貯金分が図中の★領域である。その後この貯金を食いつぶしていくのが☆領域になる。もしも『★領域 ＞ ☆領域』ならば，最終的に引き伸ばされずに済むが，『★領域 ＜ ☆領域』ならば，貯金分の縮みをすべて使い果たして引き伸ばされることになる。

では，その境界はどこかを考えてみよう。いい換えれば『★領域 ＝ ☆領域』の条件を探るということである。まず，船尾が宇宙船の船首速度に対応したローレンツ収縮をするとした場合の速度 V_{stern} は，

$$V_{\mathrm{stern}} = V_{\mathrm{bow}} + U = V_{\mathrm{bow}} + \frac{a}{c^2} A T L_0 \tag{11.12}$$

である。"V_{stern} で移動可能な船尾" は，出発直後から "光速で移動する船尾" より出足が遅いため必ず出遅れるが，途中から超光速航行になるので後で追いつく可能性がある。ふたつの "船尾" の距離差は，

$$\int (c - V_{\mathrm{stern}})\mathrm{d}T = cT - X - \frac{aL_0}{c^2}\int AT\mathrm{d}T = cT - X - \frac{aL_0}{c^2}(VT - X) \tag{11.13}$$

で表されるが，無限時間後に追いつける……つまり，この距離差がゼロになるとすれば，$T \to \infty$ のとき $V \to c$ であるから，

$$L_0 = \frac{c^2}{a} \tag{11.14}$$

が『★領域 ＝ ☆領域』の条件ということになる。

さて，「距離 c^2/a」というフレーズはこれまで何度も登場し，第 9 項では『宇宙船後方 c^2/a の距離以上離れた場所から発射された光は，宇宙船には追いつくことができない』と述べた。要するに，光速で移動する "船尾" は，船尾といいながら，船首を追いかける光の設定そのものであり，c^2/a の距離以

上離れた設定では，いつまでたっても船首には追いつけないということを再確認する結果となったわけである。

ところで，ここまでの考察で，船尾速度が光速を超えてしまった原因は，宇宙船の船首速度を V_{bow} と仮定し，船尾速度 V_{stern} を $V_{bow} + U$ と設定したためにあるといえないだろうか？　たとえば，船尾速度を V_{stern} と仮定し，船首速度 V_{bow} を $V_{stern} - U$ と設定すれば，光速突破というような奇妙なことは生じ得なかったのではなかろうか？　さらにいえば，そもそも宇宙船のどこか 1 点（船首や船尾に限らず任意の 1 点）を等加速度運動と仮定し，宇宙船全体の長さをローレンツ収縮するように合わせ込むという，今回の手法自体に妥当性はあるのだろうか？

まず前者の，「船首速度 V_{bow} を $V_{stern} - U$ と設定する案」であるが，ある程度はこのような小手先の変更で，宇宙船の長さや固有加速度の限界を伸ばすことが可能かもしれない。ただし，式 (11.11) で示される宇宙船の最大収縮速度 U_{max} が，設定しだいでいくらでも光速 c を超えることができるのであるから，船体をより長く，加速をより大きくしていけば，そのうち宇宙船のどこかが光速を突破する状況に陥ることは明白である。それは遅いか早いかの違いでしかない。

では後者の，「手法自体の妥当性」について。船尾が光速を超えてしまうような設定は，現実にはありえないのでもちろん論外だが，光速を超えていないとしても，不自然な設定であることは間違いない。宇宙船の船首が等加速度運動を行い，"その速度 V_{bow} に応じて宇宙船全体がローレンツ収縮する" ように調整した場合，船首以外の部位の加速度が時々刻々変化する。すなわち，船首の乗員はつねに一定の固有加速度 a を感じながら飛行するのに対し，それ以外の部位にいる乗員は，時間とともに変化する加速度を感じることになる。船首の加速度が一定なのは，最初にそのように設定したからにほかならないのであって，ほかの部位……たとえば船尾を一定とすれば，今度は船首やほかの部位の加速度が変化することになる。このような設定は恣意的すぎるので，妥当とはいえないだろう。

では，宇宙船すべての部位において条件が同一となる加速方法はあるのだろうか？　いい換えれば，どの部位にいる宇宙船の乗員も「あそこは加速が

安定していてズルい！」というような文句が出てこない平等な環境であれば，条件が同一とよんでもよさそうである。

　次項はこのような宇宙船の加速について考えることとする。

参考文献

1) 松田卓也，木下篤哉：『相対論の正しい間違え方』（丸善出版，2001），pp. 96–100.

2) 大槻義彦 編「物理学最前線 24」共立出版（1989），pp. 83–90.

長大宇宙船をローレンツ収縮させるには？

【正しい間違い 12】
等加速度運動する物体の加速度はどこも同じである

　等加速度運動をしながらローレンツ収縮する宇宙船を考える場合，宇宙船自体に大きさがあることを考慮すると，さまざまな疑問が生じる。とはいえ，「宇宙船がどのように収縮するか考えよ。ただし，宇宙船の大きさは無視してよい」という設問だとすると，それはまるで禅問答のようである。前項では，宇宙船をとりあえず無理矢理にローレンツ収縮させてみたのであるが，納得できる手法とはいえなかった。それでは反対に，宇宙船がまったくローレンツ収縮しなかったら，外部の観測者および宇宙船の乗員はその状況をどのように観測するだろうか？

　まずは，長さ L の宇宙船の船首と船尾にロケットエンジンをつけるところから考える。前項に示した金属棒のように，噴射直後は宇宙船全体が振動するが，その振動が収まればローレンツ収縮をしている宇宙船が残る。エンジンが強力であったり宇宙船が長すぎたり，あるいは加速の仕方しだいでは，2つに千切れた残骸になるかもしれない。どちらにせよ，船首と船尾がつながれていたなら，その前後で力のやりとりが生じて話が複雑になるので，船首と船尾を別々の2台の宇宙船 A および B（その間隔が L）として扱えるものとし，その間に力は介在しないとする。

　この設定の場合，その間隔が「まったくローレンツ収縮しない」状態をつくり出すのは簡単である。宇宙船 A と B にまったく同じ性能のエンジンを取りつけ，同時に発進し，同様な加速をし，同時に停止すればよい。ただし，"同時・同様" と感じるのは，宇宙船発射前の慣性系 S 上にいる外部観測者の視点であることを強調しておく。宇宙船は加速終了後，速度 v となったとす

る。この慣性系を S′ 系としよう。S 系に留まり続けた外部観測者からみて，宇宙船 A と B は，加速終了後はもちろん，加速中も含めて最初から最後までまったく同じ運動をするのであるから，どの時点を切り取ったとしても，その距離 L は変化していない。

　話を簡単にするため，加速は一瞬であるとして 2 台の宇宙船 A と B の世界線を描いたのが図 12.1 である。横軸は宇宙船の位置を表し縦軸は経過時間を表すという，いわゆるミンコフスキー時空図だ。縦軸を時間 t のかわりに ct とすれば，光の世界線は ±45 度の線となり都合がよい。

　まず，宇宙船 A と B は，直交座標で描かれた慣性系 S(ct, x) に対し，ある瞬間まで静止している。このことを表しているのが，A → A′ と B → B′ である。当然ながらこの期間中の宇宙船間の距離は L のままだ。その後，2 台の宇宙船は "同時に" 短い加速をし，右へと等速度直線運動を始める。同時というのは A′B′ 線が水平であるということである。宇宙船はそれぞれ A′ → A″ と B′ → B″ という軌跡を描くが，その間の距離もやはり L のままだ。あえて注意をするとすれば，移動を始めた宇宙船 AB 間の距離を測るには，"ある瞬間" のそれぞれの宇宙船の位置を測定して，その間隔を測らなければなら

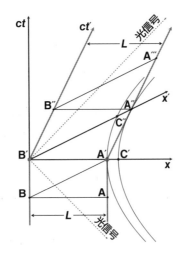

図 12.1　慣性系 S 上の宇宙船の世界線。距離 L だけ離れた宇宙船 A と B が，一瞬で同時に同様に加速した場合，距離 L は変わらぬまま移動を開始する。

ないという点である。すなわち，宇宙船の位置の測定は“同時に”なされねば
ならない。S系において，A′B′線が水平であるということが同時の証だった
のと同様に，A″B″線も水平である。

　さて，問題はここからである。S系に留まり続けた外部観測者の視点はこ
れでよいとして，では，S系からS′系へ移ることになる宇宙船の乗員は，こ
れをどのように観測するだろうか？　結論からいうと，宇宙船AB間の距離
は“伸びる”のである。

　宇宙船Bの乗員がエンジン点火により強い衝撃を受けるのは，B′点のとき
だ。点火によって慣性系$S(ct, x)$のct軸上にいた乗員は，別の慣性系$S'(ct', x')$
のct'軸上へと進路を変える。この“慣性系の乗り換え”によって縦軸が傾く
のと同時に，同時刻を表す横軸の線も傾く。要するに，直交座標Sから斜交
座標S′への乗り換えである。エンジン点火前は，A′とB′は2台の宇宙船の
同時刻を示していた。ところがエンジン点火後の瞬間から，B′に対しての同
時刻はA″となるのである。その後宇宙船はAとBともにS′系に留まり続け
るから，B″に対する同時刻はA‴だ。そして，新たに観測し直されたA″B′
の距離（あるいはA‴B″の距離）は，もともとのA′B′の距離より長い。こ
の長さをL'とすれば，

$$L' = \frac{L}{\sqrt{1 - v^2/c^2}} \tag{12.1}$$

となる。S′系の乗員がみた宇宙船AB間の距離はL'であり，S系の外部観測
者はL'がローレンツ収縮してLとみることになるから，LとL'との関係は
こうならざるを得ない。

　ところで，A′B′（長さL）とA″B′（長さL'）を比べるさいに，図12.1のグ
ラフにそのまま物差しを当てて測ってはいけないという点に注意が必要であ
る。なぜかというと，直交しているS座標の目盛と，斜交しているS′座標
の目盛の幅が異なるため，どちらか一方の座標の物差しで他方を実測して
も比較にならないのである。正しく測るには，座標の目盛をスケール変換
してから長さの比較を行う必要がある。追って解説するが，これは，双曲線
$x^2 - (ct)^2 = L'^2$を用いて行うことができる。この双曲線がx軸と交わる点を
C′とすれば$ct = 0$であるからC′B′の長さはL'そのものだ。続けて双曲線と

x' 軸が交わる点をみると，直線 A′A″A‴ と x' 軸が交わる点（要するに A″ 点）とピタリと一致することがわかる。A″B′ は S′ 系の観測者が測る長さ L' を表していたし，C′B′ は S 系の観測者が測る長さ L' を表しているので，双曲線は長さ L' をスケール変換してくれる等距離曲線として使えることがわかる。

同様に，双曲線 $x^2 - (ct)^2 = L^2$ も図 12.1 に書き入れてあるが，これは，A′ 点で x 軸に直交し，C″ 点で x' 軸に交わっている。A′B′ は S 系の外部観測者が測る長さ L を表しているので，C″B′ は S′ 系の乗員が測る長さ L を表している。当然ながら，$L < L'$ なのだから C″B′ < A″B′ である。もっと一般的にいえば，このグラフ上に描ける無限の数の座標系（S 系, S′ 系, S″ 系, ……）の x 軸（x, x', x'', ……）と，双曲線 $x^2 - (ct)^2 = L^2$ の交わった点は，それぞれの座標系での長さ L を表していることになる。よって，$x^2 - (ct)^2 = \mathrm{n}^2$（ただし，$\mathrm{n} = 1, 2, 3, ……$）という双曲線群を描けば，それぞれの座標系の x 軸に $1, 2, 3, ……$ と目盛をつけることが可能だ。

双曲線 $x^2 - (ct)^2 = L'^2$ が x' 軸に交わる点において直線 A′A″A‴ と接しているのは，S′ 系の外部観測者からみて A″B′ の長さが L' だからである。S′ 系の乗員からみると移動しているのは S 系にいる外部観測者の方であり，上述した説明すべてがそのまま S′ 系の乗員でも成り立つ。彼らが，長さ L' をスケール変換してくれる等距離曲線としてもち出すのは双曲線 $x'^2 - (ct')^2 = L'^2$ であろう。この 2 つの双曲線は実は同じものであり，ローレンツ変換式から導き出すことができる。$\mathrm{S}(x, t)$ 系と $\mathrm{S}'(x', t')$ 系の関係を示すローレンツ変換式は，

$$t' = \frac{t - vx/c^2}{\sqrt{1 - v^2/c^2}}, \quad x' = \frac{x - vt}{\sqrt{1 - v^2/c^2}} \tag{12.2}$$

であり[*1]，これを用いて $x'^2 - (ct')^2$ がどのように変換されるかを示せば，

$$x'^2 - (ct')^2 = \frac{(x - vt)^2}{1 - v^2/c^2} - c^2 \frac{\left(t - vx/c^2\right)^2}{1 - v^2/c^2} = x^2 - (ct) \tag{12.3}$$

となる。よって，双曲線 $x^2 - (ct)^2 = L'^2$ が x' 軸と交わるときには必ず A″ 点を通ることがわかる。

ちなみに，ミンコフスキー時空図（図 12.1）で描かれる ct' 軸は $x' = 0$ で

[*1] 式 (12.2) の x' の関係式において，$x = L$, $x' = L'$, $t = 0$ とすれば，式 (12.1) が導かれる。

表される直線であるから，

$$\frac{x - vt}{\sqrt{1 - v^2/c^2}} = 0 \quad より \quad ct = \frac{c}{v}x \tag{12.4}$$

となり，x' 軸は $t' = 0$ で表される直線であるから，

$$\frac{t - vx/c^2}{\sqrt{1 - v^2/c^2}} = 0 \quad より \quad ct = \frac{v}{c}x \tag{12.5}$$

となる。斜交座標が，ct' 軸と x' 軸が光信号線を示す斜め 45 度の線に対して対称となるのは，それぞれの座標軸の傾きが c/v および v/c となっているからにほかならない。

　加えて，この双曲線が直線 $\mathrm{A'A''A'''}$ と接していることについても述べておこう。"接している" というのは $\mathrm{A''}$ 点での双曲線 $x^2 - (ct)^2 = L'^2$ の傾きが直線 $\mathrm{A'A''A'''}$ と同じであり，この直線は ct' 軸と平行であるから，式 (12.4) より傾きは c/v となっているはずである。

　まず，$x^2 - (ct)^2 = L'^2$ を両辺微分すれば，

$$2x - 2ct\frac{\mathrm{d}(ct)}{\mathrm{d}x} = 0 \quad より \quad \frac{\mathrm{d}(ct)}{\mathrm{d}x} = \frac{x}{ct} \tag{12.6}$$

を得る。双曲線が x' 軸と交わる点では，式 (12.5) で得られた関係式が成り立っているから，

$$\frac{\mathrm{d}(ct)}{\mathrm{d}x} = \frac{x}{vx/c} = \frac{c}{v} \tag{12.7}$$

であり，たしかに c/v となっていることが確認できる。

　以上，$\mathrm{S'}$ 系の乗員の視点で宇宙船 AB 間の距離は伸びるということを示したが，なぜ伸びるかは，S 系を直交座標にとるのではなく，$\mathrm{S'}$ 系を直交座標にとった方がわかりやすい（図 12.2）。要するに，S 系が速度 v で左向きに移動している外部観測者の視点で考えるのである。ちなみに，S 系の図 12.1 と $\mathrm{S'}$ 系の図 12.2 で変化していないのは，2 本の双曲線と光信号を表す線のみである[*2]。

　$\mathrm{S'}$ 系の外部観測者の視点で考えると，宇宙船 A と B は初め左向きに同じ速さ v で移動しており，宇宙船のエンジン点火により減速して停止したと観

[*2]　光信号を表す折れ線は，$x^2 - (ct)^2 = 0$ であり，2 本の双曲線の "仲間" だといってよい。

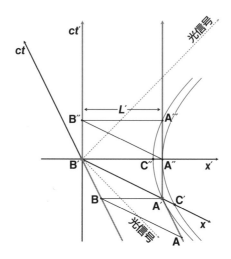

図 12.2　慣性系 S′ 上の宇宙船の世界線。当初移動していた宇宙船 A と B は，一瞬で減速して静止状態となる。ただし，減速時刻は A と B で異なり，そのタイムラグによって間隔は開いて最終的な距離は L' となる。

測する。止まっていたものが動き出すのではなく，動いていたものが止まるのである。ここで，S 系の外部観測者の視点と明らかに異なっているのは，2台の宇宙船は "同時に停止しない" という点だ。

　当初2台の宇宙船は，A → A′ と B → B′ のように左向きに同じ速度で移動している。そして，A′ で宇宙船 A はエンジンを点火して停止するが，このとき宇宙船 B はまだ移動中であり，B′ まできてようやく停止することになる。このタイムラグによって宇宙船 A と B の間隔は開くのである。S 系の観測者は A と B，A′ と B′ が同時だと主張するが，S′ 系の観測者からみれば A′ とB，A″ と B′ が同時なのだ。

　2台の宇宙船が停止した後の間隔は A″B′ 間の長さ L' で表される。S 系の図 12.1 を使った説明では，A″B′ 間の長さを双曲線 $x^2 - (ct)^2 = L'^2$ を用いて x 軸上の C′B′ と同等としたが，今回は S′ 系が直交座標であるので，みたままの長さが L' そのものである[*3]。図 12.2 においてスケール変換する必要があるのは，斜交座標になっている S 系の方だ。S 系からみてエンジン点火

[*3]　図上の双曲線 $x'^2 - (ct')^2 = L'^2$ は A″ に接して C′ で x 軸に交わり，C′ での傾きは $-c/v$ となっている。

前の宇宙船 A と B の間隔は AB あるいは A′B′ であるが，この長さを双曲線 $x'^2 - (ct')^2 = L^2$ で変換する。この双曲線は A′ で x 軸と交わりつつ AA′ 線に接しており，x' 軸との交点が C″ となる。当然ながら C″B′ < A″B′ であり，これが $L < L'$ に対応する。

　さて，宇宙船 AB 間の距離が「まったくローレンツ収縮しない」場合の状況はそれなりにわかったが，そもそも知りたかったのは，「きちんとローレンツ収縮する」宇宙船の運動である。さらに，加速が一瞬（加速度無限大）ではなく，等加速度運動をしながらきちんとローレンツ収縮する宇宙船を描く必要があるだろう。では，S 系の外部観測者からみて宇宙船の間隔がきちんとローレンツ収縮し，かつ，宇宙船の乗員からみると間隔に変化がみられないという一挙両得のうまい方法があるのかといえば，実はある。ただしこの設定は，宇宙船 A と B の加速開始前から加速終了後までをトータルに考えねばならず，かつ，加速終了時刻は S 系からみて宇宙船 A と B で異なるものとなる。具体的にどのような加速をすればよいのかを表したのが図 12.3 である。

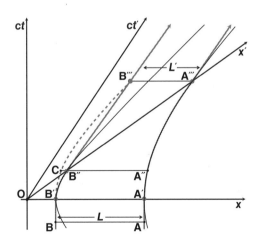

図 12.3　ローレンツ収縮する 2 台の宇宙船の世界線。宇宙船 A と B は，それぞれの加速度（a_A, a_B）と加速期間（A′ → A″ → A‴，B′ → B″）の後，同一速度となり，その間隔はローレンツ収縮して $L \to L'$ となる。なお，B′ → C → B‴ は，宇宙船 A の速さに合わせて AB 間がローレンツ収縮をすると仮定した場合の宇宙船 B の軌跡である。

宇宙船 A と B は最初 S(ct, x) 系に距離 L だけ離れて静止しており，A → A′ と B → B′ がこれを表している。そして A′ と B′ で同時に加速を開始する。これまでと違うのは加速を一瞬と仮定していない点である。宇宙船 A は A′ → A″ → A‴ が加速期間になっており，宇宙船 B は B′ → B″ が加速期間である。宇宙船 A と B は最終的に S 系に対して同じ速度を得，同一の慣性系 S′(ct', x') に静止した状態となる。これを表しているのが A‴ 以降と B″ 以降である。宇宙船 A と B 双方の加速終了後（A‴ と B‴ 以降）の宇宙船間の距離は L' であり，ちゃんとローレンツ収縮している。もちろん，宇宙船の乗員からみるとその距離は L のままで変わっていない。

図 12.3 から明らかなように，宇宙船 A と B の加速期間は B より A の方が長い。ただし，最終的な速度が同じであるから，加速度の大きさは A より B の方が大きいことがわかる。すなわち，宇宙船 A は加速は鈍いが長く動くカメであり，宇宙船 B は加速は抜群だが短期間で止まってしまうウサギのようなものである。

宇宙船の加速期間を表している A′ → A″ → A‴ および B′ → B″ の区間は双曲線になっている。加速期間中，宇宙船 A と B の乗員は一定の加速度を感じ続けることになるが，その加速度をそれぞれ a_A および a_B とすれば，A′ → A″ → A‴ は，

$$x^2 - (ct)^2 = (OB' + L)^2 \qquad ただし，\quad OB' + L = \frac{c^2}{a_A} \qquad (12.8)$$

であり，B′ → B″ は，

$$x^2 - (ct)^2 = OB'^2 \qquad ただし，\quad OB' = \frac{c^2}{a_B} \qquad (12.9)$$

である。これから直ちに導かれるのは，宇宙船 A と B の加速度 a_A と a_B は，

$$a_A = \frac{a_B}{1 + \frac{a_B}{c^2}L} \quad あるいは \quad a_B = \frac{a_A}{1 - \frac{a_A}{c^2}L} \qquad (12.10)$$

という関係を満たしているということだ。

これまでの考察から式 (12.8) と式 (12.9) の双曲線にピンときた方も多いと思われるが，この方程式は原点 O から宇宙船 A と B までの距離 c^2/a_A および

c^2/a_B を不変とする線にほかならない。宇宙船 A と B の乗員からみれば，原点 O は宇宙船が加速をし続ける限り不動な点として認識される。すなわち，宇宙船 A からみると，距離 OA′，OA″，OA‴ は同じ距離（＝ c^2/a_A）であり，宇宙船 B からみると，距離 OB′，OB″ は同じ距離（＝ c^2/a_B）になる。数学的にいえばこの双曲線はローレンツ変換に対して不変と表現できる（式 (12.3) 参照）。

　宇宙船 A と B は最初同じ慣性系 $S(x, t)$ にいるのであるから，その間隔は OA′ − OB′ = L である。そして，慣性系 $S'(x', t')$ での間隔は最終的に OA‴ − OB″ となるが，OA′ と OA‴ は同じ距離であるし，OB′ と OB″ も同じであるから，OA‴ − OB″ = L でもある。OB′A′ は原点を貫く直線上にあり，OB″A‴ も直線上に並んでいる。この直線は S 系と S′ 系の x 軸および x' 軸を示しており，それぞれの系において同時の事象を示している。さらにつけ加えれば，x 軸および x' 軸の間には O を原点とした無数の軸を描くことができる。そして，宇宙船 A と B の世界線と，新たに書き加えた軸との交点を考えれば，その間隔はどこでも L になる。要するに，宇宙船 A と B は，加速期間中においてずっと距離 L を保ったまま飛行するのである。

　では次に，S 系に留まっている外部観測者の立場で考えてみよう。S 系での宇宙船 A と B の間隔は，x 軸と平行な線で測定する。なぜなら，この線が S 系にとって同時刻だからだ。具体的には，A′B′ 間，A″B″ 間，A‴B‴ 間である。とくに，B″ に対応する A″ を考えれば，宇宙船 B はこの時点で加速を終えるが，宇宙船 A はまだのんびりと加速中である。宇宙船の乗員からみれば，B″ に対応しているのは A‴ であり，同時に加速を終える。このような違いが出るのは，系によって離れた 2 点間の同時が異なるという，いわゆる"同時の相対性"のためである。

　ところで，S 系の外部観測者は，この宇宙船 A と B 間の縮み方について納得するだろうか？　納得する・しないは主観の問題なので一概にはいえないが，「つねに正しくローレンツ収縮している」とは感じないだろう。たとえば宇宙船 B は，B″ 点を超えた時点で等速直線運動となるが，宇宙船 A はその後も加速を続ける。宇宙船 A が加速を終了した A‴B‴ 間の距離は L' であ

り，ちゃんとローレンツ収縮しているが，加速中は正しくローレンツ収縮していないことになる。

前項では，S系の外部観測者からみて，"宇宙船 A の速度に応じたローレンツ収縮をする" 場合を考察したが，それを表したのが B′ → C → B‴ の破線で描かれた世界線である。たとえば，宇宙船 A が A″ にきたときの A″C 間は，その時点での宇宙船 A の速さに見合ったローレンツ収縮となっている。前項のくり返しになるが，S系の外部観測者にとって経路 B′ → C → B‴ が理想的な加速法かというと，宇宙船 A の速度に宇宙船 B を無理やり合わせたものであるから，「では，宇宙船 B に対して正しくローレンツ収縮する方法は？」と聞かれたら，また別の加速になってしまう。よって，経路 B′ → C → B‴ よりは経路 B′ → B″ → B‴ の方が理想的といえるだろう。経路 B′ → C → B‴ はいわば『4 次元時空を 3 次元でしか捕らえていない方法』である。

では，宇宙船 A と B の経路を A → A′ → A″ → A‴ および B → B′ → B″ → B‴ だとして，以後は考察することにする。加速終了後，宇宙船 A と B それぞれの乗員は，ある奇妙な事実に直面する。加速前に合わせておいたはずの時計がずれているのだ。この事実は，S系に留まっていた外部観測者にとって当たり前のことである。宇宙船 A はのんびり加速をしたのに対し，宇宙船 B は一気に加速して短期間で最終速度に達している。宇宙船 A も B も最終的に達する速度は同じであるので，どの期間においても宇宙船 B の速度は宇宙船 A の速度以上である。ここで，観測者に対する相対速度が大きい物体ほど時計の進みが遅くなるという相対論の帰結を思い出していただけば，宇宙船 B の時計が宇宙船 A より遅れることがわかる。

S系の時刻 t と速度 v の宇宙船の時刻 τ との関係は，

$$t = \frac{\tau}{\sqrt{1 - v^2/c^2}} \tag{12.11}$$

であるので，固有加速度 a の宇宙船の t 時間後の速度を表す式 (11.6) と組み合わせて，

$$\tau = \int_0^t \sqrt{1 - v^2/c^2}\, \mathrm{d}t = \int_0^t \frac{\mathrm{d}t}{\sqrt{1 + \dfrac{a^2}{c^2} t^2}} = \frac{c}{a} \log\left(\sqrt{1 + \frac{a^2}{c^2} t^2} + \frac{a}{c} t \right)$$

$$\tag{12.12}$$

とできる。後は式 (12.10) の関係を忘れずに，宇宙船 A と B の適切な固有加速度 a_A と a_B を考え，加速期間とその後の等速運動期間を分けて計算すれば，S 系の観測者がみた宇宙船 A と B の時間 τ_A と τ_B の関係を知ることができる[*4]。

　では次に，宇宙船 A と B の乗員同士がみた時間の進み方はどうなるであろうか？　S 系と異なり，宇宙船は加速期間中に S 系から S′ 系へと連続的に系が変わる。そのため，同時刻の線が時々刻々と変わる。互いの時間を比べるとき，同時刻線が連続的に変わるという事態は，測り方そのものに直接的な関与をするであろう。

　このことを図 12.3 を使って説明しよう。宇宙船 A と B は加速期間中，式 (12.8) と式 (12.9) で表される双曲線上を移動するのであるが，この 2 つの双曲線は倍率が違うだけの相似形である。よって，図形 OA′A‴ と OB′B″ は倍率が違うだけで同じ形になる。そしてその比率 A : B は，x 軸上の距離より，

$$\text{A} : \text{B} = \text{OB}' + L : \text{OB}' = \frac{1}{a_A} : \frac{1}{a_B} \tag{12.13}$$

である。なお，宇宙船の乗員にとって，A′ と B′ が同時なのと同様，A‴ と B″ も同時である。さらに，原点 O を通り A′A‴ 間のどこかを通過する任意の x 軸を考えると，この軸は途中の B′B″ 間も通過する。そして，宇宙船 A と B それぞれの世界線との交点は，宇宙船の乗員にとってやはり同時の点だ。宇宙船の動きに合わせて移動する x 軸は，OB′A′ を通過する軸（S 系）から OB″A‴ を通過する軸（S′ 系）へと動いていくわけであるが，図形 OA′A‴ と OB′B″ が相似形であることから，宇宙船 A の動きに対応する宇宙船 B の動きは，式 (12.13) で表されるように a_A/a_B 倍になる。そして，この動きの違いが，そのまま宇宙船 A と B の時間の進み方の違いになる。すなわち，式 (12.10) より，

$$\frac{d\tau_A}{d\tau_B} = \frac{a_B}{a_A} = 1 + \frac{a_B}{c^2}L \quad \text{あるいは} \quad \frac{d\tau_B}{d\tau_A} = \frac{a_A}{a_B} = 1 - \frac{a_A}{c^2}L \tag{12.14}$$

となる。なお，光速 c はもちろん定数であるが，固有加速度 a_A と a_B および

[*4]　ちなみに，図 12.3 では $a_A : a_B = 1 : 4$ となるように描かれている。

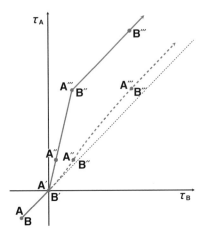

図 12.4 宇宙船 A と B の時間の進み方。宇宙船 A と B の時計は，当初同じ時刻を示しているが，加速中にずれが生じ，宇宙船 A の時計が進む。なお，S 系に留まった外部観測者の観測（破線）と宇宙船乗員の観測（実線）では，進み方が異なる。

宇宙船の間隔 L も変化がないのであるから，宇宙船 A と B の時間の進み方の比は一定ということになる。

　以上のことを踏まえ，宇宙船 A と B の時間の進み方を，S 系の外部観測者の立場と宇宙船の乗員の立場とで描き分けると図 12.4 になる[*5]。A → A′ および B → B′ は，宇宙船 A と B ともに S 系に静止しており，時計は同期している。時計の進み方は同じであるから，この期間は傾き 45 度の直線として表される。なお，加速開始時を時刻 0 としたので，この区間はマイナス側に描かれている。

　まずは，S 系に留まる外部観測者の視点で考えよう（図 12.4 破線参照）。この観測者にとって，加速期間中の宇宙船の時間経過とは，式 (12.12) で表されるものである。また，加速後は速度一定となるので，式 (12.11) が使える。A′ → A″ および B′ → B″ は，宇宙船 A も B も加速期間である。式 (12.10) より，$a_A < a_B$ であるから，宇宙船の速度差はどんどん開くため，グラフの傾きは 45 度からしだいに上向きになっていく。続く A″ → A‴ および B″ → B‴ は，宇宙船 B の加速は終了し，宇宙船 A のみが加速している。ただし，速度

[*5]　図 12.4 で使用している A～A‴ および B～B‴ の記号は，図 12.3 のものと一致している。

としては $v_A < v_B$ という関係が残っているため，グラフの傾きはしだいに下がるものの，傾きは 45 度より大きい。A''' および B''' 以降は，宇宙船 A と B の速度は同じになっている。このため時間の進み方は同じであり，グラフの傾きは 45 度に戻る。すなわち，これ以降は時間差が固定されることになる。

　では次に，宇宙船の乗員の視点で考える（図 12.4 実線参照）。A' → A'' → A''' および B' → B'' が宇宙船 A と B の加速期間であることは同様だが，慣性系が S 系から S' 系に変わっていく過程で同時刻線が刻々と変化するので，最終的に A''' に対応する時刻が B'' となる。要するに，宇宙船 A と B は同時に加速を開始し，同時に加速を終える。S 系の観測者の場合と比べて，グラフの傾きが大きいことがわかるが，その理由はまさに A''' と B'' が同時刻として認識されるからだといってよいだろう。また，グラフの傾きが直線で表されることは，式 (12.14) の右辺が定数であることを考えれば自明だ。加速期間中はつねに $d\tau_A/d\tau_B$ は一定となるから，たとえば，この比が 1.5 だとするなら，宇宙船 B の乗員が宇宙船 A をみると，時計の動きが 1.5 倍となり，乗員もせわしなく動いているということになる。

　さて，ここまでは，2 台の宇宙船の間隔を L としてきたが，本来は宇宙船の船首と船尾にロケットエンジンをつけた長さ L の宇宙船についての考察がもとであった。宇宙船がとても長大だった場合，それをきちんと加速することは難しい。とくに船首の加速度が a_{bow} だった場合，宇宙船の限界長を L_{max} とすると，

$$L_{max} \leq \frac{c^2}{a_{bow}} \tag{12.15}$$

となり，これより長い長大宇宙船は加速を続けることができない[6]。それより短い場合でも，船首と船尾のみにエンジンがある場合，船体に余計な負荷がかかる。ならば，船首と船尾のみならず，船体の "あらゆる場所に" エンジンを取りつければよい。そして，無数にあるエンジンの，任意の隣り合った 2 台がちゃんとローレンツ収縮するようにすれば，全体として問題なく飛行することができる。

　ではここで，船体の任意の部位 n にあるエンジンの加速度を a_n としよう。

---

[6]　前項の式 (11.14) を参照。

前後のエンジンまでの距離を L_n とすれば，進行方向の前方にあるエンジンの加速度 a_{n-1} および後方にあるエンジンの加速度 a_{n+1} は式 (12.10) より，

$$a_{n-1} = \frac{a_n}{1 + \dfrac{a_n}{c^2}L_n} \quad \text{および} \quad a_{n+1} = \frac{a_n}{1 - \dfrac{a_n}{c^2}L_n} \tag{12.16}$$

となる。ならば続けて，加速度 a_{n-1} のエンジンを中心として考えれば，前方 a_{n-2} および後方 a_n との関係もわかることになり，その前後の加速度もどんどんと決まる。要するに，宇宙船のどこか任意の 1 点の加速度を決めてしまうと，宇宙船全体の各部位の加速度がすべて決定されてしまうことになる[*7]。もちろん，式 (12.15) の限界があるので，闇雲に伸ばすことはできない。式 (12.16) から，$a_{n+1} > a_n > a_{n-1}$ は容易にわかるので，a_{n+2}, a_{n+3}, a_{n+4}……と，宇宙船を後方に伸ばすといずれ加速度が無限大になる。逆に a_{n-2}, a_{n-3}, a_{n-4}……と，宇宙船を前方に伸ばす分には限界はなく，必要とされる加速度がどんどん小さくなる。

図 12.5 は船首を A，船尾を F として，6 つのロケットエンジンを配置した長大宇宙船の世界線を描いたグラフである。各エンジンは A〜F で加速を開始し，A′〜F′ で加速を終了する。宇宙船の当初の長さを AF 間とすると，$S(ct, x)$ 系の外部観測者がみる加速後の最終的な長さは A″F″ 間となり，宇宙船の速度に応じたローレンツ収縮をしている。

宇宙船の乗員の観測では，宇宙船の長さは最初から最後まで AF 間の長さに等しい。なお，乗員は最終的に $S'(ct', x')$ 系の慣性系に移動するので，加速終了後の A′〜F′ は同時刻となる。要するに，すべてのロケットエンジンは，同時に噴射を開始し，同時に停止する。また，A〜F で同期がとれていた時計は，加速終了後にずれており，船首に近いほど進んでいることになる。長大宇宙船全体の加速度を "船首での加速度" で代表するとすれば，それはエンジン A の加速度になる。そして，宇宙船の最大長は AO 未満である。すなわち，F に続くエンジンを G，H，……と増やしても，O を越えることはできない。

また，図 12.5 で A〜F を等間隔にしなかったのはわけがある。式 (12.16)

[*7] このことは 1910 年の段階で，ヘルグロッツ（G. Herglotz）とネーター（F. Noether）が指摘している。

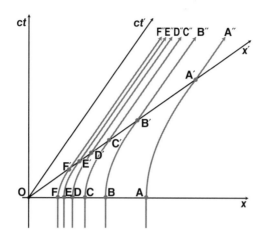

図 12.5　長大宇宙船の各ロケットエンジンの世界線。AF の長さをもつ長大宇宙船に A〜F の 6 台のエンジンがあるとし，宇宙船の乗員が宇宙船の長さに変化がないと観測するときの，各エンジンの世界線。船首ほど加速度は小さく，加速期間長くなる。

で示したように，宇宙船の後方のロケットエンジンほど発生させる加速度を大きくしなければならないため，長大宇宙船の物性的な限界長を克服するには，船体が引きちぎられる長さより短い間隔でエンジンを配置する必要があるのだ。加速前のエンジンの原点 O からの距離を x とすれば，そのエンジンに要求される加速度 a_x は，式 (12.15) より，

$$a_x = \frac{c^2}{x} \tag{12.17}$$

であり，距離に反比例する。エンジンとエンジンの間に挟まれた船体部分の物性的な限界長は加速度に比例すると考えてよいので，原点 O からの距離に反比例してエンジンの間隔を密にしていかねばならない。図 12.5 では 6 台のエンジンを想定しているが，実際にどれだけの数のエンジンが必要になるかは，船体の長さと加速度，そして材質によるだろう。

　図 12.6 は長大宇宙船のエンジンの分布を模式的に描いたものである。一目みてわかるように，後部にいくほどエンジンの数が増え，なおかつ，その間隔は密となる。図中のエンジン A〜F は，加速開始直後の状態を表し，A″〜F″ は，すべてのエンジンが停止した後である。くり返しになるが，各エンジ

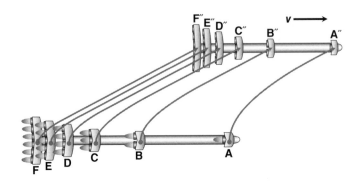

図 12.6 長大宇宙船の各ロケットエンジンの分布。長大宇宙船の加速は，船首ほど弱く，船尾ほど強くする必要がある。船体の強度を考えると，エンジン数は船尾ほど密にしなければならない。外部観測者からみると，エンジンは船尾から順次停止し，船体は収縮して加速を終える。宇宙船乗員からみると，エンジンはいっせいに停止し，船体の長さは変化しない。

ンが停止する時刻は S 系からみると異なっており，後部にあるエンジンから順次止まっていくのに対し，宇宙船の乗員からみればすべて同時と観測される。前部のエンジンは出力は弱い反面，噴射時間は長く，後部のエンジンは出力は強いが，噴射時間は短い。なお，図 12.6 は S 系の外部観測者の視点で描かれたものである。宇宙船の乗員の立場であれば，宇宙船の位置は静止したままであり，また，形状がローレンツ収縮で変化することはない。

　では，長大宇宙船の乗員は，船内でどのような観測を行うだろうか？　たとえば，図 12.6 のエンジン C にいる乗員 C を考えてみよう。そこで測った重力を a_C とすれば，乗員 C にとって，宇宙船のすべての部位は，重力 a_C 内に静止しているものと考える。乗員 C は宇宙全体に一様重力加速度 a_C が発生していると認識しており，星々はこの重力によって落下し，自分のいる位置の下方 c^2/a_C の距離にある "事象の地平面" へ向けて落ちていくのをみる。そして，このような宇宙にいながら長大宇宙船は形を変えることなくずっと静止し続けているのであるから，宇宙船のすべての部位は一様重力加速度 a_C に抗するだけのエンジン噴射を行っていると認識するだろう[8]。

---

[8] 宇宙船加速前からいる乗員の場合，宇宙船が加速しているという認識になるかもしれないが，加速を続ける宇宙船内で生まれた乗員の場合は，宇宙船内を基準にして考えるので，宇宙船を静止

　乗員 C は長大宇宙船内にあるエレベーターを使って，乗員 B や乗員 D に会いに行くことができる。もちろん，もっと遠くの A や E, F に出向くことも可能だ。そして，そこの重力が a_C に比べ大きかったり小さかったりすることを経験する。たとえばエンジン C 上で空中にホバリングするように設計されたドローンがあったとし，乗員 B と D に対して乗員 C がプレゼントしたとする。ところがこのドローンは，エンジン B 上ではローターの回転が早すぎてどんどん上に上がってしまうし，逆にエンジン D 上では回転が遅すぎて浮かんでくれない。すなわち，場所ごとの重力の違いを考慮し，乗員 B に対しては回転数を減らしたものをつくり，乗員 D へは回転数を増やしたものをつくらねばならない[*9]。さて，乗員 C はこの重力の違いをどのように説明するだろうか？

　どう考えるかは乗員しだいだが，宇宙船内の時間の流れは，船首側が早く，船尾側は遅いので，時間の流れに合わせて宇宙船のエンジン出力が調整されていると考えるのも，ひとつの考え方である。任意の n 番目のエンジン（加速度 a_n の出力）にいる乗員 n は，船首側の n − 1 エンジンは弱め a_{n-1}，船尾側の n + 1 エンジンは強め a_{n+1} に出力を調整されていることを知る。要するに，$a_{n-1} < a_n < a_{n+1}$ であり，具体的な大きさは式 (12.16) によって示される。ただし，式 (12.14) で示されるように，船首側の時間 τ_{n-1} は早く，船尾側の時間 τ_{n+1} は遅いので，"実際の" エンジン出力 a'_{n-1} と a'_{n+1} は，

$$a'_{n-1} = a_{n-1} \frac{d\tau_{n-1}}{d\tau_n} = \frac{a_n}{1 + \dfrac{a_n}{c^2} L_n} \frac{d\tau_{n-1}}{d\tau_n} = a_n \tag{12.18}$$

および，

$$a'_{n+1} = a_{n+1} \frac{d\tau_{n+1}}{d\tau_n} = \frac{a_n}{1 - \dfrac{a_n}{c^2} L_n} \frac{d\tau_{n+1}}{d\tau_n} = a_n \tag{12.19}$$

と結論づけるであろう。すなわち，乗員 n は，離れた場所に取りつけられた

とする考えの方が自然である。ちなみに，星がつくる重力場を表すシュバルツシルト時空などがあるように，一様加速する物体がつくる一様重力場はリンドラー時空で表すことができる。

[*9]　ローターの回転調節をしない場合，エンジン B では，上昇しないようにドローンを船体にくくりつける必要がある。逆に，エンジン D では落下しないようにくくりつける。そうすると，2 台のドローンの力により，船体はわずかではあるが引っぱられることになる。じつはこの引っぱり力こそが，ローレンツ収縮の源なのである。

エンジンの出力が変更になっていたとしても，それは時間の進み方が違うために行う調整であり，宇宙船内のどの場所でも一様な加速度 a_n であると主張する。ドローンのローター回転数を変化させておくのも同様で，場所による時間の進み方を考慮して変化させているだけであり，ローターの回転数は "乗員 n がいる場所の時計で測れば" すべて同じなのである。

　さて，ここでは乗員 C の例から始め，任意の位置の乗員 n について説明をしたが，n は任意であるので，乗員 A〜F すべてにおいて同様の議論ができる。もちろん，A〜F の 6 点に限らず，すべての場所において同様である。そして，任意の場所にいる乗員それぞれが，自らの場所の加速度を宇宙船全体……さらには宇宙全体に広がった一様な重力場として説明することができる。誰かが正しく，誰かがうそをついているというわけではない。

　そろそろまとめてみよう。地球などの星がつくる重力場と違い，等加速度運動をしている宇宙船では，宇宙全体に一様な重力場が発生したと考えることができる。ただし，宇宙船自体の長さを考慮すると，場所ごとに違う重力を感じる。一様重力場といいながら，船体の場所によって重力の大きさが異なるわけである。これは，星がつくる重力場においても生じる現象である。地球においても GPS 衛星の例を挙げるまでもなく，地表面より上空の方が時間の進み方が早い。そのため，そこで物体をホバリングさせるためには，若干ではあるがエンジン出力を弱めに設定する必要がある。ただし，星がつくる重力場は，そもそも上空に行くほど弱くなるので，この効果はほぼ無視することができ，ブラックホールのように極端な星でなければ確かめることが難しい。長大宇宙船の例は，一様重力場の考察にはうってつけだったということだ。

　ところで，長さが数光年にもなる長大宇宙船は，今後数世紀は人類にはつくれないと思うが，では，これまでの話は現代では検証不可能な夢物語かというと一概にはそうともいえない。式 (12.15) からわかるとおり，加速度 a が 1G 程度の場合に限界長 $L_{\max}$ は光年単位になるのであり，加速度が大きければ長さを縮めることができる。現に，最新の高強度レーザーを使った粒子の加速では，原理的に 10^{28} m/s^2 程度の驚くべき加速が可能となっている。この加速ならば，限界長は 10^{-11} m 程度になり，加速される物体が分子や原子

の小さな粒（10^{-10} m 程度の大きさ）であったとしても，その大きさは十分に "長大" なのである。

索 引

146

著者の略歴
木下　篤哉（きのした　あつや）
気象庁地球環境・海洋部環境気象管理官付調査官。
1985年島根大学理学部物理学科卒業。中学校・高校講師,
気象庁松山地方気象台航空出張所を経て, 2017年より
現職。おもな研究分野は環境気象関連一般。著書に『相
対論の正しい間違え方』（丸善出版）がある。

続・相対論の正しい間違え方

　　　　　　　　　　令和 2 年 8 月 28 日　発　行

著作者　　木　下　篤　哉

発行者　　池　田　和　博

発行所　　丸善出版株式会社
　　　　　〒101-0051 東京都千代田区神田神保町二丁目17番
　　　　　編集：電話 (03) 3512-3265／FAX (03) 3512-3272
　　　　　営業：電話 (03) 3512-3256／FAX (03) 3512-3270
　　　　　https://www.maruzen-publishing.co.jp

Ⓒ Atsuya Kinoshita, 2020

組版印刷・製本／三美印刷株式会社

ISBN 978-4-621-30543-0 C 3042　　　　Printed in Japan